¶ Cest le liure de lart de faulconnerie
et des chiens de chasse.

¶Au roy trefcreſtien charleſ huitieme � ce nom
Guillē Tardif Du puy en Bellay ſon liſeur
treſhūble recōmandation ſupplie ꝗ requiert.

Eſlorꝫ que DieuBouſ doua ꝩ nom ꝩ treſcreſtien
roy de frāce ſire mon naturel ſouuerain et Bnique
ſeigneur Je Brē treſhūble ꝗ treſobeiſſāt ſeruiteur
Bouſ dediay mon mediocre engin ꝗ ſꝗiēce. ¶Car apreſ plu
ſieurſ euureſ ꝗ a Brē nom ay cōpoſeeſ ꝑ Brē cōmandemēt
et pour recteer Brē royale maieſte entre ſeſ granſ affaireſ
Bouſ ay en Bng petit liure redige tout ce ꝗ iay peu trouuer
ſeruir a lart ꝩ faulcōnerie et ꝩeſ chiēſ ꝩ chaſſe. Lequel li
uret ay trāſlate en frācoiſ ꝩeſ liureſ en latin du roy dāchꝰ
qui ꝑmier trouua ꝗ eſcriuit lart ꝩ faulcōnerie.ꝗ ꝩeſ liureſ
en latin ꝩe moamuſ.ꝩe guillinuſ ꝗ ꝩe guicennaſ.Et colli
ge ꝩeſ autreſ biē ſcauāſ ꝗ experſ en ladicte art.Brieuemēt
et cleremēt en ordze myſ par rubziches ꝗ chapitreſ. En laiſ
ſant touteſ matiereſ ſupfflueſ. Et medecineſ Difficileſ a
trouuer ou a faire ou dāgereuſeſ poꝛ lopſeau ou nō approu
ueeſ ꝑ leſ biē ſcauāſ ꝗ experſꝗ par lart ꝩ medecine.¶Leſ
nōſ ꝩeſ medecineſ quō nōme dzogueſ ꝗ ne ſōt en luſaige frā
coiſ ay eſcript en leur lāgue. en laquelle ſont en Bſaige en
lart dapoticarie.¶Ceſt euure a ꝩeux ptieſ.Lune tracte ꝩeſ
opſeaux ꝩ faulcōnerie.Lautre ꝩeſ chiēſ ꝩ chaſſe.Lēlle ꝩeſ
diſ opſeaux a ꝩeux ptieſ.la ꝑmiere enſeigne cōgnoiſtre leſ
opſeaux de propye ꝩeſꝗlꝫ on Bſe en lad art.leſ enſeigner ꝗ gō
uerner.ꝗ leſ medecineſ ꝗmunemēt neceſſaireſ poꝛ leſ ētrete
nir en ſāte.Du quel liure leſ rubziches ꝗ chꝑēſ ſōt diſpoſez
ſelō lordze quō doit auoir a cōgnoiſtre ēſeigner ꝗ entretenir
leſ ꝩ opſeaux.La ſecōde ptie dicelui liure ēſeigne leſ mala
dieſ ꝩeſ ꝩ opſeaux ꝗ leſ medecineſ dicelleſ.De laꝗlle ptie loz
dze eſt eſcript en ſon lieu.¶Deſ diſ chienſ ſera Dit en ſon
lieu apzeſ.

tes quil eſt de faire.

¶Pour faire lopſeau hardi a ſa proye ꝙ Boler grans opſe⸗
aux.et comment loꝛs doit eſtre poꝛte.

¶Pour faire lanper groper.

¶Quãt lopſeau Bole autre proye quil ne doit pour la luy
faire hayr.

¶Pour muer lopſeau de proye.en quel temps il mue.et
pour le muer ou ſur le poing ſanſ cħer ou en mue auec cħer
comment doit eſtre purge et diſpoſe quant on lẏ mect. du
paſt bon pour luy eꝫ la mue.pour le faire toſt ꝙ bien muer
et le remede quant il mue mal.

¶Quant lopſeau engendꝛe oeufꝫ dedans le Bentre eꝫ la
mue ou ailleurs.les ſignes.ꝙ le remede pour leꝫ pꝛeſeruer
ou les luy faire fondꝛe.

¶Pour opſeau ſaillant de la mue gras et oꝛguilleux ren⸗
dꝛe familier quil ne ſeꝫ fuye.

¶Quant lopſeau pert le manger apꝛes la mue.le remede
pour luy donner appetit de manger.

¶Des eſpeces des oyſeaux de proye deſ
quelꝫ oꝫ Bſe eꝫ lart de faulconnerie.et de
la nature de la femelle ꝙ du maſle.

¶Oyſeaux de proye deſquelꝫ oꝫ Bſe eꝫ lart de faulcon
nerie ont trois eſpeces.leſquelles ſont.aigle. faulcõ
et auſtour.deſꝗlꝫ cy apꝛes eſt eſcript ſeparemẽt p cħapitreſ.
¶La femelle des oyſeaux Biuans de rapine eſt plus grã
de que ſoꝫ maſle.plus foꝛte.hardie.caute et aſtute.Le maſ
le des opſ eaux qui ne Biuent point de rapine eſt plus grãt
et plus Beau que ſa femelle

¶ De laigle. De ses especes. De sa cou//
leur et forme. Des noms diuers delle
selon diuerses langues. Quant elle
doit estre prinse. quant elle doit fupr
ou non. et le remede a ce. De la prope
delle. Le remede aux aigles gastant
le gibier.

Aigle a deux especes. Lune est appellee aigle abso
luement. Lautre est nomme zimiech.¶ Rouge
couleur en laigle et les peulx parfons principalement se
elle est naiee es montaignes occidentales est signe de bon/
te. Rousse aigle est bonne sans doubte. Blancheur sur la
teste ou sur le dos de laigle est signe de meilleur aigle.
Laquelle est appellee en langue arabique zūmach. en spri
aque meapan. en greque philadelphe. en latine milion.
¶ Laigle doit estre prinse petite. car la condition delle est
dacroistre en audace et astuce.¶ Quant laigle part du
poing. sole au tour dicelup ou en terre est signe quelle est
fugitiue.¶ Du temps que les cpseaux sont en amour et
quilz se apparient pour faire generation deuroit laigle fu
pr auecques les autres. Pourtant metz au past delle vng
peu darsenic rouge autrement nomme orpigment lequel
lup mortifiera ce desir.¶ Quant laigle volant espai/
gnist la queue et tournope autour dicelle et monte vers
aucune partie est signe quelle est disposee de fupr. Le re/
mede est lors lup getter son past et la fort rappeller. Et se
elle ne descend a sondit past/ cest ou pour auoir trop man/
ge. ou par estre trop grasse.¶ Le remede est tel. Tous les
plumes de sa queue quelle ne les puisse espaignir. ne di/
celle voler. On plume le tour du fondement delle seule
ment que ledit lieu appaire. Lors par la froideur de laer
hault ne tachera si hault voler. Lors doit on doubter les
autres aigles. lesquelles ne pourroit euiter. pour ce quelle

a la queue cousue.¶ Quant laigle Solant tournoye sur
son maistre sans sesloigner est signe quelle ne fuyra point
¶ Laigle prant lauftour et tout autre oyseau De rapine.
pour ce quelle les Soit porter les gies.lesquelz elle cuide e=
stre past.et pour ceste cause tache les prandze.Et ny scet on
autre cause.Deu que quant elle est ou Desert elle ne fait
pas ainsi. Pour euiter laigle on Doit oster les gies De son
oyseau quant on le Veult faire Soler . autrement lopseau
par quelque industrie quil eust ne se sauroit deliurer De lai
gle.¶ Laigle Dicte aigle absoluement prant le lieure.le re=
nart.la gazele.laigle nōmee zimiech prant la grue et oyse=
aux moindzes ¶ Quant il ya aigles gastant le gibier le re
mede est.Cous les peux a Vne aigle.en luy laissāt peu dou
uerture pour Veoir la clarte. Et dedās son fondemēt metz
Sng peu de assafetida.puis cous ledit lieu.Et aux iambes
delle lie ese ou cher ou drapeau rouge.lequel les aigles cui
dent estre cher.Et la fais Soler. Et en Solant et soy defen
dant gettera les autres bas.ou sen fuyront. laquelle chose
elle ne feroit si nestoit la Douleur que luy fera ce que dit est
mys en son fondement.

¶ Du faulcon quant il Doit estre prins.
De sa bonne forme et condition.De ses
especes/couleurs/conditions/gonuer
nement et prope.comment on les doit
tenir hors Du poing.

E faulcon meilleur est celuy qui est prins petit &
uant la mue.¶ La bonne forme Du faulcon est.
Teste ronde et plaine sur le hault. Bec gros et court. Col
long.Poitrine large.et est charnue.nerueuse.Dure.et forte
Dossemens.Et pour ce se confiant a sa poitrine frape Di=
celle. Et pour ce ql a les cupsses menues a foebles il chasse
Des Sngles . Hanches plaines .Eles longues et sur la
queue croisane . Queue courte . et tost Solubile . Cuys=

ſes groſſes. Jambes courtes. Plaute large. mole et verte.
Plumes legieres occultes peu et parfaictes. Tel faulcon prandra les grues et grans oyſeaulx. La condition
du faulcon eſt q̃l eſt pl⁹ q̃ autre oyſeau hardi. viſte a voler
et a reuenir. fugitif touteffois eſt. Auaricieux auſſi eſt de
proye. Pour laquelle cauſe il vole roydement et ſoudainement et frape ſouuent en terre. et ſe tue. Le faulcon a dix
eſpeces. qui ſont. oublier. emerillon. lanyer. tunicien. gentil.
peleryn. de paſſage. montaigner. ſacre q̃ gerfaud. De leme
rillon. lanyer. ſacre. et gerfaud eſt cy apres ſeparement par
chapitres eſcript. Faulcon tunicien eſt ainſi appelle pour
ce quil naiſt cõmunemẽt ou pays de barbarie. et que tunes
eſt la principale cite diceluy pays. en laquelle abunde la vo
lerie dudit faulcon. Il eſt aſſes de la nature du lanier. vng
peu plus petit. telz pies. de tel pennage. mieulx croire. plus
long de vol. teſte groſſe et ronde. bien montant ſur ele. bon
a riuiere et aux champs aux lieures et autres gibiers.

Faulcon gentil eſt bon heronnier deſſus q̃ deſſoubz. et a
toutes autres manieres doyſeaux. comme aux ronſeaux
reſſemblans au heron. eſplugnebaux. poches. garſotes. q̃ eſ
pecialement aux oyſeaux de riuiere. Pour eſtre bon grup
er fault quil ſoit prins npais. car autremẽt ne ſeroit ſi har
di. Pour eſtre plus hardi lopſeleras premierement ſur la
grue. veu quil na encores congneu autre oyſeau. Faulcon peleryn eſt ainſi nõme. pource que on ne ſcet ou il naiſt
et quil eſt pris en ſeptembre faiſant ſon pelerinage ou paſ
ſage es iſles de cypre et de rodes. Le bien bon eſt de candie. Il eſt hardi. vaillant. et de bon afaire. Il eſt bon a la
grue. a loyſeau de paradis. qui eſt vng peu plus petit que
la grue. au heron. rouſeaux. eſplugnebaux. poches. garſotes
et autres de riuiere. a lope ſauuage. oſtarde. oliues. perdis.
et autres menues. Faulcon de paſſage autremẽt dit tar
tarot de barbarie eſt dit de paſſage comme eſt le peleryn.
Et eſt dit de barbarie pour ce que il faict ſon vol q̃ paſſa-

ge par le pays de barbarie. et quon en prant la plus que
ailleurs. Le bien bon est de candie. Il est vng peu plus grãt
ꞇ gros que le pelerin. roux deſſoubz les eles. bie empiete. lõgs
doitz. bien volant. hardi a toute maniere de gibier. cõme dit
eſt du pelerin. Le pelerin et de paſſage peuent voler tout le
mops de may et de iuing. pour ce quilz ſont tardis en leur
mue. et quant ilz cõmencent a muer ſe deſpouillent preſte
ment. ¶ Faulcon montaigner eſt de brune couleur. ꞇ ſil eſt
ſain eſt des autres le meilleur. Il eſt grant ꞇ hardi. prenãt
grãs et non petis oyſeaux. Difficile a gouuerner et a gar
der. Il le fault plus porter et faire veiller q̃ autre faulcon.
Doit eſtre ẽtretenu entre gras ꞇ maigre. Quãt il ſera ma
lade fais boullir fort au four eaue bien nette en pot de terre
metz la deuant luy. et le induis a en boire. et il guerira. Ou
ſil ne gueriſt le medecineras ſelon les medecines miſes en
leurs lieux. Quant le vouldras purger et amaigrir feras
trois cures de peau de gelline leſquelles trois iours lui dõ
neras. Pour le garder ſaing oingdras ton gant de muſe.
Quant le vouldras faire voler gette le deuant que les au
tres. Combien quil ne praigne riens ſi reuiendra il au vol
des autres. ¶ Noir faulcon cõme dient les alexãdrins eſt
le meilleur. et noirete eſt ſa premiere couleur. combien quil
ſoit altere par les deſers / et naiſt es iſles de mer. Tiens le
entre gras et maigre. Ne luy donne point chair moillee. ſi
non quil ſoit orguilleux. porte le ſur le poing plus que au
tre faulcon. Ne lennuye point oultre ſon vouloir. et le trai
cte benignemẽt. Garde quil ne ſoye aigle. car apres ne prẽ
dra oyſeau. Garde quon ne touche ſes pennes. Quãt le get
teras a ſa propre garde de mal dupre ta main. car il pert ſõ
couraige ¶ Rouge faulcõ eſt trouue ſouuẽt es lieux plaies
et en marais. Il eſt hardi / mais difficile a gouuerner. pour
tant deuant quil vole donne luy trois purgations de cuir
de gelline laue en eaue. puis le chauffe. et le metz en lieu
obſcur par aucun eſpace de temps. Puis apres fais le

Boler. faulcon qui a plumes blãche⌐ eſt hardi ⌐ bon. Quãt
il eſt foz ne le fais point Boler deuant quil ſoit mue. car a⌐
pzes la mue il eſt parfait. ¶La pzoye du faulcon eſt ma⌐
lard. cane. ⌐ autres deſſuſdictes ¶On doit tenir le faulcon
hozs du poing ſur pierre ronde ⌐ longue. car il ſi delecte. et
non ſur boys.

¶De lemerillon. de ſa fozme. de ſon Bol. de
ſa pzoye. et quant il doit eſtre opſele.

emerillon eſt de fozme de faulcon. plus petit ⌐ leſper
uier. plus Bolãt ⌐ autre opſeau. pzãt toute Bolatille
que pzant leſperuier. Pzincipalement petis opſeaux. cõme
moyneau/alouete et ſemblables. Et les pourſuit de mer⌐
ueilleux couraige. Il doit eſtre opſelle en huit iours. car a⌐
pzes eſt Bicieux. et riens ne Bault.

¶Du lanyer. de ſa naiſcence. de ſa fozme.
¶De ſon paſt ⌐ de ſa pzoye.

anyer eſt aſſes cõmun en tous pays. Il naiſt en lieu
hault en bois ou roche ſelõ le pays. Il eſt plº petit ⌐ le
faulcon gentil. Bel de pennage. plus court empiete que au⌐
tre faulcon. Celuy qui a teſte plus groſſe. les pies plus ſur
le bleu ſoit nyais ou foz eſt des autres le meilleur. Il neſt
point dangereux en ſon paſt ne en ſon Biure. Il eſt cõmun
pour Boler ſur terre et ſur riuiere. Pour Boler piez. perdis.
faiſans. lieures. canes et autres.

¶Du ſacre. de ſes eſpeces et naiſcence. des
noms dicelles eſpeces. quãt il doit eſtre prins.
¶De ſa fozme. condition et pzoye.

acre a trois eſpeceſ. La pmiere eſt appellee ſeph. ſelõ
les Babploniẽs et aſſpriẽs. Il eſt trouue en egypte. ⌐
en la partie occidẽtale et en Babploine. Et pzant lieures et
biches. La ſecõde eſpece eſt nõmee ſemp. Qui pzant petiteſ
gazeles. La tierce eſt dicte hpnair. et pelerin ſelon les egyp
tiens et aſſpriẽs ¶Il eſt dit de paſſage pource que on ne ſcet
ou il naiſt. et dl fait ſon paſſage tous les ans Bers les indẽſ

ou vers mydi. Il est prins es isles de leuant en cypre, candie et rodes. pour ce dit on quil vient de roussie. De tartarie et de la mer maiour. ¶Le sacre prins apres sa mue est le plus viste et meilleur. ¶Le sacre est plus grant que le pelerin. lait de penage. court empiete. et hardi. ¶Le meilleur est celui qui a couleur rouge ou tannee ou grise. et qui est en forme semblable au faulcon. Qui a grosse iague et pie legier. ce quon treuue en peu de sacres. Doitz gros. et tendas a couleur de bleu efface. ¶Le sacre est des opseaux de proye le plus labourieux. paisible et tractable. Qui a meilleur digestion de gros past. ¶La proye du sacre sont grans oyseaux. oye sauuage. grue. heron. butor. Et singulierement bestes a quatre pies siluestres. come gazeles et autres.

¶Du gerfaud. De sa naiscence. De sa forme. condition et proye.

Erfaud naist es parties froides. et en Dacie. nouer gie et pruce vers la roucie. Mais il est prins comunemet en faisant son passage en alemaigne. Il est bien em piete. Doitz longz. grant. puissant. bel. especialement quant il est mue. Il est fier et hardi. Dont il est plus difficile a faire. Car il desire la main paisible. et le maistre de bonnaire. Il est bon a tout gibier. come il est dit du pelerin.

De laustour. et ses especes et generation
et sa bone forme et conditions. les signes
daudace et de force. et de bos petis austours
et sa mauuaise forme et coditios. et sa proye

Austour a cinq especes. La premiere et plus noble est laustour qui est femelle. La seconde est nommee demy austour. qui est maigre et peu prenant. La tierce est le tiercelet. qui est le masle de laustour. et prant les perdis. et ne peut prandre les grues. Il est nomme tiercelet car ilz naissent trois en vne nyee. Deux femelles et vng masle. La quarte espece est lesperuier. prant toute volatile que prant laustour. excepte les grans oyseaulx.

¶La cinquieme est nommee sabech. lequel les egypciens
nõment bapdach. qui ressemble a lesperuier. et est moindre
que lesperuier. ¿ a les yeulx celestez cõme bleuz. ¶Austour
darmenie et de perse est le meilleur. et apres celuy de grece
et dernieremẽt celui dafrique. Celui darmenie a les yeulx
vers. et le meileur diceulx est celui qui a les yeulx et le doz
noir. Celui de perse est gros. bien emplume. les yeulx clers
concaues et enfonces. surcilz pandãs. Celui de grece a grãt
teste. col gros. moult de plume. Celui dafrique a les yeulx
et le dos noir quant il est ieune. et quant il mue les yeulx
luy deuiennent rouges. ¶Du temps que les oyseaux sõt
en amour quant ilz sapariẽt pour faire generation ¿outes
especes doyseaux de proye sassemblent auec laustour. com
me faulcon/ sacre et autres viuans de rapine. A ceste cau
se les conditions des austours sont diuerses en bonte/ au=
dace/ force/ selon leur diuerse generation. ¶La bonne for=
me daustour est telle. Austour doit estre pesant cõme ceulx
de la grãt armenie. En syrie on achãpte les oyseaux de
proye et de faulcõnerie au pois. et le plus pesant vault mi
eulx. De la couleur et conditions diceulx ne leur chault.
Blanc austour est plus gros/ beau/ facile a ẽseigner. et pl⁹
foeble entre les autres. car il ne peut prandre la grue. Et
pour ce quil est nay en lieu hault et quil souffre mieulx le
froit qui est en laer hault il est bon pour voler oyseaux de
telle condition. ¶Austour tendant a noir et qui a plume
superflue sur la teste descendant sur le front comme vne
perruque est bel. mais il nest pas fort. ¶La bonne forme
daustour est dauoir. Teste petite. face longue et estroic=
te comme le voultour et qui resãble a laigle. Gosier lar
ge. par lequel passe le past peulx grans. parfons. ¿ en iceulx
petite rondeur noire. Narilles/ aureilles/ croupe et pies lar
ges et blans. Bec long et noir. Col long. Poictrine grosse.
Cher dure. Cuysses longues/ charnues et distantes. Les
os des iãbes ¿ des genolz doiuẽt estre cours. Ongles grosses

et longues. La forme des le fondement de lauſtour iuſque
a la poitrine doit eſtre côme en rôdeur accroiſcent. Les plu
mes des cupſſes vers la queue doiuent eſtre larges.Et cel
les de la queue doyuét eſtre courtes.peu rouſſes.moles. La
couleur qui eſt ſoubz la queue eſt comme celle qui eſt en la
poictrine. Et ſur chaſcune plume ou lignes noires qui ſôt
ſur la queue a aucune tranchure. La couleur de lextremite
des plumes qui ſont en la queue doit eſtre noire en la par
tie des lignes.Des couleurs la meilleur eſt rouge tandant
a noir ou a grie cler. Signe de bon auſtour eſt. Aſtuce de
courage.Deſir et abundance de manger. Bequet ſouuent
ſon paſt. Prinſe ſoubdaine de ſon paſt ſur le poing côme ſe
on le gettoit. Digeſtion longue.force daſſaillir¶ Le ſigne
daudace en lauſtour eſt tel.lie le en lieu cler.puis obſcure la
clerte.apres touche le ſoudainement et ſil ſault a ſaſſeure
ſur le poing eſt ſigne daudace. ¶ Le ſigne de force en lau
ſtour eſt tel.lie les auſtours en diuerſes parties de la châ
bre.et celui qui emutira plus hault eſt le plus fort¶ Le ſi
gne des bons petis auſtours eſt dauoir peulx clers a larges
et le cercle des aureilles et de la bouche. Teſte petite.Col
long.Doitz longs.plumes courtes et occultes.Chair dure.
Pies vers.Ongles larges a deſcharnees.Digeſtion legiere.
La vuidange de la digeſtion large. Emutir loing. Si au
bout du bec pa aucune noirte ceſt bon ſigne¶ La mauuai
ſe forme dauſtour tant en petis que en grans eſt quant ila
Teſte grande.Col court. Les plumes du col meſlees et in
uolues.fort emplume.Chernu et mol.Cupſſes courtes et
greſles. Jambes longues.Doitz courtz,Couleur tannee tê
dant a noir.et apre ſoubz les pies¶ Auſtour qui en ſaillât
de la maiſon ſemble quil ſaille de la mue et qui a plumes
groſſes/les peulx rouges côme ſang qui ſans repos ſe de
bat.et quant il eſt ſur la perche taſche ſaillir au viſaige.ſe
on lamaigriſt il ne le peut porter.ſe on langreſſe il ſen fuit
pourtant tel auſtour riens ne vault. ¶ Paoureux auſtour

eſt difficile a enſeigner. Car la paour lui fait fuyr le poing
et le loirre ou rappel. ¶Auſtour qui a plumes pandās ſu[r]
les peulx et le blanc Diceulx fort blanc.couleur cōme rou
ge ou tāne cler.a les ſignes de mauuaiſes conditions. et d[e]
non reuenir au rappel. Se auſtour De telle forme eſt trou
ue de bōnte condition il ſera tresbon.Aucunes fois mais peu
ſouuent eſt trouue auſtour De mauuaiſe forme ⁊ conditi
ons tout au contraire aux bons ſignes Dauſtour.qui ſera l[e]
gier.froys.peu ſouuent las. et qui prandra les grans oyſe
aux. ¶La proye De lauſtour.eſt. faiſay. malard.cane. oy[e]
ſauluaige.corneille.connys.lieure. Il fiert petit cheureul ⁊
lempeſche tant que les chiēs le prēnent plus facilemēt.

¶De leſperuier.De ſa bonne forme et bonte.

Eſperuier qui eſt de bonne forme.eſi grant ⁊ court
et a la teſte petite.eſpaules larges et groſſes.iambe[s]
groſſes. pies eſtandus.pennes noires.¶Le nyais eſt bon ⁊
reuient Douletiers a ſon maiſtre. Le brāchier eſt meilleur
Le ſor eſt Difficile a affaictier et ſera bon ſil ne fuit les gē[s]
porce ꝗl a acouſtume la proye.par quoy eſt pl°courageux.

¶Quant on Doit prandre ou niδ ou en laire
loyſeau de faulcōnerie.et comment on le
Doit lors traicter.

Oyſeau de faulconnerie Doit eſtre prins ou niδ ou
en lairequant il eſt fort pour ſe ſonſtenir ſur les pi
es. ¶Metz le ſur Bng blot de bois.ou ſur Bne perche. Affin
quil puiſſe mieulx demener ſon pennage ſans le gaſter en
terre.Metz ſoubz luy herbe quon nōme hieble.laquelle por
ce quelle eſt chaulde.eſt bonne contre maladie de rains ⁊ δ[e]
goute qui lui pourroit aduenir.¶Paiſtz le δe chair Biue le
plus ſouuant que pourras. car elle luy fera bon pennage.
Si tu le prans petit et ſe tu le metz en lieu froit il prandra
mal aux rains. Par quoy ne ſe pourra ſonſtenir. et ſera en
Dangier de mort.

¶De ces motz nyais.brāchier.ramage et ſor

pais oyseau est celui qui est prins ou nid. Brãchier
est celui qui suit sa mere de branche en branche qui
est aussi nõme ramage. Sor est appelle a sa couleur sorete.
celui qui a Role et prins deuant quil ait mue ¶ Et pour ce
quon prãt souuant lopseau au glut. ou en le prenãt on luy
froisse ou romp les pennes. sensuit la maniere de le desglu
er et de ses pennes rabiller.

### ¶ Pour desgluer oyseau.

Pur desgluer oyseau. Prans sablon menu et sec et
cendre nette mesles ensemble. et metz sur les lieux
ou est le glut. ¿ laisse ainsi lopseau ßne nupt. Apres batras
fort trois moupaux Douefz et auec ßne penne en mettras
sur lesdis lieux. et laisse ainsi lopseau Deux nuptz. Puis
prans du gras de lart aussi gros que ßne prune ¿ autant de
beurre tout fondu ensemble. de quoy oingdras lesdis lieux
et laisse ainsi lopseau ßne nupt. Lendemain laueras auec
eau tiede ¿ nettoperas auec lige nect tout ñ riẽ ny demeure.

### ¶ Pour penne froissee redresser. ou rompue
### anter. ou desioincte ressarrer. ou perdue
### renouueler.

Pur penne froissee redresser. Trẽpe en eaue chaul
de le lieu froisse de la penne. et quant elle sera amo
lie et tendre oudit lieu froissie redresse la hors de leaue apres
prans ßng gros tronc ou coste de chou. et le chauffe fort sur
la brese. puis le fens au long. et dedans celle fente metz le
froisse de ladicte penne. et estraingz dung coste et dautre le
chou iusques quil aura redresse ladicte penne. Le tronc de
lerbe du couleuure autrement nõmee tintimale a en ce lef
fect du chou ¶ Pour penne rõpue dung coste ¿ qui de lau
tre tient. Prãs ßne aguille longuete. et la trempe en ßinai
gre ou en eaue salee pour rouiller affin quelle tiegne mieulx
dedãs la penne. puis senfile de fil delie. et la metz dedãs les
deux boutz de la froissure de la penne. apres la tire par le
fiffet iusques quelle sera tant dung coste que dautre et que

                                                        b i

penne fera bien ioincte.Et la contregarde de trauail iufqs
quelle foit affermee.¶ Si elle eft des deux couftes rôpue/
coupe la et prans aguile pointue aux deux boutz tranchãt
côme aguille de pelletier trampre côme eft dit.et fais com
me deffus.¶ Pour penne froiffee ou rompue au tupau.
Prans autre tupauplus menu quil puiffe entrer dedans
le tupau froiffe ou rompu.puys coupe en ce lieu la penne
et la ante du tupau mys dedans les deux boutz de la penne coupee.apres cous les deux parties auec le tupau qui eft
mys dedans.Et le lieu de la iointure de la penne queuure
de coton ou de petites plumes auec colle.Ou fe tu ne veulx
coudre ladicte penne colle la.Si la pêne eftoit perdue metz
y en vne pareille en quãtite et couleur.¶ Pour plume def
ioincte refarrer.Prans eftoupes bien menu taillees ¬ mef-
lees auec le rouge dung oeuf bien batu.¬ metz fur linge bi
en delie.duquel lieras dedans et dehors le lieu de la penne
defioincte.Ou emplaftre ledit lieu de myrre et de fang de
bouc mefle enfemble.¶ Pour faire renouueler penne perdue par baterie ou autrement ¬ principalemêt en la queue
Prans huyle de noix et huile de laurier autant dung que
dautre mefle enfemble.et le diftilleras ou lieu du qnel eft
faillie ladicte penne.et cela fera renouueler laõ penne.

¶ Du paft et cher bonne ¬ mauuaife pour
paiftre ledit opfeau.Du lauement de la
cher.De la maniere de paiftre lopfeau.

E paft et cher bonne oultre lordinaire dudit opfe
au eft luy donner vng peu de cupffe ou du col du
ne poule.Car il engroiffe lopfeau.Les êtrailles de poule
auec les plumes dilatent le boyau qui vuide la digeftion
de lopfeau et ferhent lumidite fuperflue.laqlle ne peut
faillir par la egeftion et emutiffement de lopfeau.¶ Les
chers mauuaifes pour paiftre lopfeau font.Cher froide/

et cher de beuf. De porc et autres de forte digestion.et singu
lierement de beste qui seroit en rupt.laquelle est pour faire
mourir lopseau sans scauoir a qlle occasion. Cher de poul
le est mauuaise pour lopseau. Car pour ce quelle est froide
luy trouble le ventre. Aussi pour ce quelle est doulce et de
lectable et quon treuue comunement par tout poules.a ce
ste cause lopseau afriande de telle cher de poule quat en vo
land la voirroit pourroit laisser sa proye et voler vers la
poule. Si tu doubtes ou voys que lopseau soit poulail
lier paistz le de petis opseaux.de coulombs petis comencens
a voler.ou de petites erundeles. Cher de coulomb vieil et
cher de pie luy est amere et mauuaise.Cher de vache lui est
mauuaise.Car elle est laxatiue. Non pas par sa bonne na
ture/mais par sa ponderosite.par laquelle fait indigestion
et par ainsi est laxatiue. Sil est necessite de paistre lopse
au de grosse cher par faulte de meilleure.soit trempee qla
uee en eaue tiede.et apres espraiute.si cest en yuer.et en froi
de si cest en este.Et que la cher ne soit point trop espraiute.
Car la pesateur de leaue qui est laxatiue luy fera plꝰ tost
passer et enduire sa gorge.et luy tiendra les boyaux larges
et les purgera mieulx par dessoubz des grosses humeurs qi
pourroit auoir dedans le corps. Le lauement de cher se
doit entendre de grosse cher.et quant il est necessite.den v
ser pour purger ou mettre bas lopseau.et non pas de cher
de bonne digestion. Car il fault entretenir lopseau de ql
que bon past vif et chault.autremét on le pourroit mettre
trop au bas. La maniere de paistre lopseau est telle. Au
past et cher que doit lopseau manger ne doit estre ne gresse
ne veine ne nets. En le paissant ne le laisse pas manger
selon son desir.mais par posees.laisse le reposer en mangét.
et lors mangera suauemét. Par foys lui musseras la cher
deuant quil soit saoul et luy retarderas son manger. Et
fais quil ne voye la cher affin quil ne se debate.fais le plu
mer petis opseaux.comme il faisoit au bois.

penne fera bien iointte.Et la contregarde de trauail iufqs
quelle foit affermee. Si elle eft des deux couftes rōpue/
coupe la et prans aguile pointue aux deux boutz tranchāt
cōme aguille de pelletier trampee cōme eft dit . et fais com
me Deffus. Pour penne froiffee ou rompue au tuyau.
Prans autre tuyau plus menu quil puiffe entrer dedans
le tuyau froiffe ou rompu.puys coupe en ce lieu la penne
et la ante du tuyau mys dedans les deux boutz de la penne coupee.apres cous les deux parties auec le tuyau qui eft
mys dedans.Et le lieu de la iointure de la penne queuure
de coton ou de petites plumes auec colle.Ou fe tu ne veulx
coudre ladicte penne colle la. Si la vēne eftoit perdue metz
y en vne pareille en quātite et couleur. Pour plume def-
iointte refarter.Prans eftoupes bien menu taillees ĩ mef-
lees auec le rouge dung oeuf bien batu.ĩ metz fur linge bi
en delie.duquel lieras dedans et dehors le lieu de la penne
defioincte.Ou emplaftre ledit lieu de myrre et de fang de
Bouc mefle enfemble. Pour faire renouueler penne perdue par baterie ou autrement ĩ principalemēt en la queue
Prans huple de noix et huile de laurier autant dung que
dautre mefle enfemble.et le diftilleras ou lieu du qnel eft
faillie ladicte penne.et cela fera renouueler lad penne.

Du paft et cher bonne ĩ mauuaife pour
paiftre ledit opfeau.Du lauement de la
cher.De la maniere de paiftre lopfeau.

E paft et cher bonne oultre lordinaire dudit opfe
au eft luy donner vng peu de cupffe ou du col du
ne poule.Car il engroiffe lopfeau.Les ētrailles de poule
auec les plumes dilatent le boyau qui vuide la digeftion
de lopfeau et fechent lumidite fuperflue.laĝlle ne peut
faillir par la egeftion et emutiffement de lopfeau. Les
chers mauuaifes pour paiftre lopfeau font . Cher froide/

et cher de beuf. De porc et autres de forte digestion.et singu
lierement de beste qui seroit en rupt.laquelle est pour faire
mourir lopseau sans scauoir a qlle occasion . Cher de poul
le est mauuaise pour lopseau. Car pour ce quelle est froide
luy trouble le ventre.Aussi pour ce quelle est doulce et de
lectable et quon treuue comunement par tout poules.a ce?
ste cause lopseau afriande de telle cher de poule quat en vo
land la veoirroit pourroit laisser sa prope et voler vers la
poule. ¶ Si tu doubtes ou voys que lopseau soit poulail?
lier pais?z le de petis opseaux.de coulombs petis comencens
a voler.ou de petites erundeles. Cher de coulomb vieil et
cher de pie luy est amere et mauuaise.Cher de vache lui est
mauuaise.Car elle est laxatiue. Non pas por sa bonne na
ture/mais par sa ponderosite.par laquelle fait indigestion
et par ainsi est laxatiue.¶ Sil est necessite de paistre lopse
au de grosse cher par faulte de meilleure.soit trempee la
uee en eaue tiede.et apres esprainte.si cest en yuer.et en froi
de si cest en este.Et que la cher ne soit point trop esprainte.
Car la pesateur de leaue qui est laxatiue luy fera plᵘ tost
passer et enduire sa gorge.et luy tiendra les boyaux larges
et les purgera mieulx par dessoub? des grosses humeurs qi
pourroit auoir dedans le corps.¶ Le lauement de cher se
doit entendre de grosse cher.et quant il est necessite.Den v?
ser pour purger ou mettre bas lopseau.et non pas de cher
de bonne digestion. Car il fault entretenir lopseau de ql
que bon past vif et chault.autremét on le pourroit mettre
trop au bas.¶ La maniere de paistre lopseau est telle. Au
past et cher que doit lopseau manger ne doit estre ne gresse
ne veine ne ners.¶ En le paissant ne le laisse pas manger
selon son desir.mais par poses.laisse le reposer en mangét.
et lors mangera suauemét. Par foys lui musseras la cher
deuant quil soit saoul et luy retarderas son manger. Et
fais quil ne voye la cher affin quil ne se debate.fais le plu
mer petis opseaux.comme il faisoit au bois.

¶ Le remede côtre le mal qui aduient
a lopseau par trop hastiuement
manger  .

J par trop hastiuemēt manger quelque piessete
de cher est tūbee ou lieu p lequel ßa lair ou pul
mon. Prans ßng long canon de plume bien mol
et doulx a manier. ou ßng pareil de metal. et le metz par le
dit lieu. et succe en trayent a toy iusques ad ce que ce qui est
tumbe audit lieu reuieigne. Car sil y demeure sera peril
leux pour lopseau.

¶ Pour renouueler le bec rompu ou res
sarrer le bec desioinct.

E bec de lopseau rompu pour ce quil est mal gõ
uerne. Car lon nasaite le bec ainsi quon doit.
Par quoy croist tant des deux coustes quil romp.
Ou pour ce que quant lopseau paist il demeure quelque
cher soubz la partie haulte du bec. laquelle cher se pourrist
et seche le bec. et chiet par esclatz. Pour tant nettoye bien le
bec de lopseau. et le polis en taillant ce qui est de tailler.
Puis oingdzas la couronne dudit bec de sang de serpentɔ
de sang de gelline. et cela le fera croistre. Quize ou ßingt
iours que ledit bec commencera a croistre romp le bec dessʼ
affin que celuy dessoubz puisse ßenir et croistre a sa raison
Le temps durant la cher du past de lopseau soit coupee
en petis morceaux. car autrement il ne se pourroit paistre.
Et ne cesse point pourtant le faire ßoler. ¶ Pour bec des
ioi nct ressarrer. Metz sur la desioincture de paste fermē
tee et de parrasine.

¶ Quant lopseau a soif. la cause et
le remede.

Dant lopseau a soif. Cest ou par aucune alterati
on. Ou quil est trop gras. Et a ceste cause a chale
dedans le corps. ou cest par indigestion. Sil a
a soif par aucune alteration. Donne lui eaue en laquelle
ait trempe succre/saffran et spodium. Et ne luy en donne
si non pour refreschir la gorge. Sil a soif par estre trop
gras ou chaleur dedans le corps. Metz auec les choses des
susdictes terre quon nomme sailee. Sil a soif par indige
stion. Cups en eaue graine de cumin doulx et luy metz en
la bouche. Ou cups zinzibre ou grant potieu en vin vieil
ou en eaue de clou de girofle. et y trampe le past de lopse
au. Sil a soif tousiours metz en eaue vne dragme de bo
ly armenic. et le pois de dix graine de canfore. et icelle eaue
mtez deuant lopseau pour boire.

Quant lopseau ne peult emutir. les
signes et le remede.

Dant lopseau ne peut emutir le signe est quil gra
te la queue. et boit eaue. Donne luy cher de porc
chaulde auec vng pou de aloes. Ou fais secher
vers de terre sur tuille chaulde. et en fais pouldre. Et lui do
ne cher chaulde de legiere digestion pouldropee de ladicte
pouldre.

Pour entretenir lopseau en sante.
et le preseruer de maladie.

Our entretenir lopseau en sante. et le preseruer de
maladie. quatre choses sont necessaires cestass auoir
le faire tirer. lessuyer quant il est mouillie. le pur
ger. et le baigner. Fais le tirer past nerueux au matin et
au soir deuant quil mangue. et quant le souldras faire
voler. Le tirer en attendant le gibier luy est bon. Si le ti
rouer est de plume garde quil nen auale. affin quil ne met
B iii

te riens en cure iufques au vefpre. Car au vefpre il nya
point de dangier. Combien quil femble que le tirer luy fou
le les rains/touteffois en tirant il fe exercite. Essupe loy
feau quant il fera mouille ou au foleil ou aupres du feu.
Car il fe pourroit refroidir. morfondre. enrimer. et engen
drer la maladie quon dit afme ou pantais. Quant il fera
fec metz le en lieu fec et chault.et non moite et froit. Metz
luy foubz les pies au bloc ou a la perche quelque chofe mo
le comme drap ou autre chofe pour luy foulaigier les pies
Car aucuneffois (bien fouuent par fraper au gibier pour
roit auoir les pies froiffies/derompus et efchauffees. Par
quoy par humeurs defcendans en bas fe pourroient enge
drer aux pies dudit oyfeau clous galles ou podagre. Et
auffi enflures aux iambes/lefquelles chofes font mauuai
fes et fortes a guerir. Tu purgeras loyfeau par cure ou
par medecine purgatiue. (le feras baigner comme & chaf
cun eft cy apres en fon chapitre efcript.

De la cure de loyfeau. quelle elle
doit eftre.quant on la luy doit don
ner.quel eft fon effect.comment elle
et le emont de loyfeau monftrent la
fante et maladie dicelluy. Pour
quoy loyfeau la garde trop. Le fig
ne. et le remede pour la luy faire
randre.

A cure de loyfeau doit eftre de plume. ou de
offelets doyfeau froiffee. ou de pie de connins/
ou de lieure rompu et les ongles et gros os ofte
Cure de coton neft pas bonne a vfer. car elle vfe et gtd le
poulmon.et fait mourir loyfeau. Et efpecialement quant
ladicte cure de coton eft donne audit oyfeau fans eftre
fauce et baignee. En neceffite et qui on na point des cures
deffufdictes on peult bien donner ladicte cure de coton

baignee ẽng iour et autre non.quant oŋ fait ou refait loy
feau. ¶ Tous les iours au foir ɗonne quelque cure audit
oyfeau.ou la ɗeffufɗicte ɗe cofon.ou celle ɗe plume.ou
ɗe cher lauee.fe il nya caufe au contraire ¶ Leffect ɗe la
ɗicte cure eft que quant elle eft trempee et baignee eŋ ca
ue elle eflargift plus que autre chofe le boyau ɗe loyfeau
et feche la fuperfluite et exceffiue abundance ɗes hume⁓s
ɗueluy oyfeau. Lefquelles ne peuent faillir auecques le
emont ɗe loyfeau. ¶ La cure gettee au matiŋ par ledit oy
feau qui eft nette et non pas feche et qui eft fans mauluais
oɗeur ɗemonftre loyfeau eftre fain. Le emont ɗe loyfe
au ɗoit eftre blanc.cler.et le noir qui eft parmy ɗoit eftre
bien noir.quant ledit emont eŋ foŋ blanc eft glueux et fi
ent au ɗoit quant on le touche fignifie bonne digeftion et
fante eŋ loyfeau. La cure mole.pafteufe et puante ɗeno⁓
te fleugme et indigeftion eŋ loyfeau. ¶ Loyfeau garde
trop fa cure et ne la peut apfeement getter quant il a ɗe⁓
fans le corps cher fuperflue ou puftules ou humeurs fur
laɗicte cure. Le figne que loyfeau garde trop fa cure et quil
la encores eft quant il tramble fur le poing. Le remeɗe po
la luy faire getter et randre eft. Ne le paiftz point iufques
quil laura randue.Et fi ce iour il ne la gette.lendemaiŋ la
huy fais getter τ randre par la facoŋ et maniere qui fenfu
it.Prans ɗu gras ɗe lart bien refroifche eŋ ɗeux ou trois
fortes de eaues bien froifches/et ẽng peu ɗe fel moulu τ ɗe
pouldre de poiure.et eŋ fais ẽne pillule.laquelle luy feras
aualer.Puis aprˀes attent quil fait gettee. Et fil ne gette
laɗicte cure prans ce quil aura gette et le broye et moillie
et metz eŋ ẽng ɗrapeau et le fais flenrer a loyfeau. Et
lors il randra laɗicte cure.Ou auttrement. Donne luy ɗu
gros ɗune feue eŋ ɗeux ou trois tronfons ɗe la racine
ɗe lerbe appellee efclere enuelopee eŋ bonne cher pour ce
ler lamertume ɗe laɗicte racine.Puis metz loyfeau au fo
leil ou aupres ɗu feu. Et fil ne rand laɗicte cure paiftz

le au foir dune cuyffe de gelline chaulde et fuccree.

Our purger lopfeau en tous temps . et pour luy
faire auoir bon appetit et bon Sentre. Donne luy
de huiteine en huiteine/ou de quinzeine en quin
zeine Sne pillule de ceulx quon dit pillules communes.
Ou du gros dune feue de aloes cicottrin enueloupe en bon
ne cher pour celer lamertume dudit aloes.Puis lenchape-
ronne.et le metz en lieu chault.comme au foleil ou aupres
du feu.Et le laiffe ainfi par lefpace de deux heures. Dedans lequel temps il puiffe Supder fes fleumes . Et quāt
il aura gette ledit aloes ou pillule.car il ne fera pas fi toft
fondu reprens ledit aloes pour Sne autre foys feruir. Puis prans lopfeau fur ton poing et le paiftz de bon paft et
Sif . Car il aura adonc le corps deftrampe . Laloes ainfi
donne ou dedans la cure et au foir Sault moult contre
filandres et aguilles . Lefdictes pillules donnees a lopfeau a lentree du mops de feptembre font moult bonne
et prouffitables contre filandres et autres maladies eftāt
dedans le corps.Cefte medecine touteffois doit eftre tē-
peree et moderee felon la force et qualite defdis opfeaux.
Car fe ceft pour auftour ladicte medecine doit eftre moin
dre que pour Sng autre.Et par ainfi elle doit eftre moindre pour lefperuier qui eft des autres le plus delicat.Ou
autrement / prans du grae de lart de porc trempe Sng
iour et mue en eaux froifchees.fuccre.fafran. en pouldre de
aloes.mouelle de beuf autant de lung que de lautre.et en
fi grande quantite et largeffe que tu en puiffes faire trois
ou quatre pillules ou plus largement a ta difcretion.Pu
is au plus matin donne en Sne a lopfeau . Apres metz le
au foleil ou aupres du feu . Tu ne le paiftras iufques

deux heures apzes. lozs luy donne ou geßine ou petis op̃
seaux ou fozis ou ratz et petite gozge. Au foir quant il au͠
ra enduit fa gozge donne luy quatre ou cinq clous de giro͠
fle frois͠ tees enuelopes en ung peu de bonne cher. Quant
il aura vse lefdictes piÜules et que fes humeurs feront p
icelles efmues donne luy vne fois au palais de la bouche
et aux narilles du vinaigre auecques ung peu de poul͠
dze de poiure. Puis fil eft necesfite foit lopseau refroidi de
eau foufflee en fes narilles. Et le metz au foleil ou aupzes
du feu et il mettra hozs fes humeurs de la tefte.

    ¶ Pour eflargir le ventre et bopau
       de lopseau.

Our eflargir le ventre et bopau de lopseau. Dõ
ne luy legier paft trampe vne nupt en vinaigre
⁊ fur icelup paft metz fuccre ou miel efcume. Ou
luy donne eaue fucree.

    ¶ Pour quop quãt et comment on doit
       baigner lopseau et cõment apzes on le
       doit tzaictier.

Aigner aucuneffois lopseau de pzope luy eft fain
et le fait bien voler. Caz aucuneffois a defiz de boi
re ou de pzandze leaue pour quelque efchauffemt
de cozps ou de foye. Et leaue le refzoichift. Le baing fait a
lopseau auoir fain. Bon courage et laffeure Et par la conte
nance de lopseau congnoiftras comment luy prouffitera
le baigner ¶ Baigne le de quatre en quatre iours caz le bai
gner plus founãt le fait ozguilleux et fugitif. ¶ Quãt le
feras baigner metz le fur bois fec. Et leaue foit bien net͠
te quil np ait quelque venin. De laquelle maladie fa me de
cine eft pci apzes efcripte. Apzes le baing donne luy paft vif
comme petis coulombs ou opfeles et metz fur icelup vng
peu de fuccre ou de tiriacle ⁊ aux narilles de lopseau

    ¶ Quant le faulcon apzes fon baing fe frote et fe oingt

est dangereux le toucher.car il a laleine venimeuse et les
pies.. Pourtant se tu le veulx lors porter garde auecques
fort gãt quil ne blesse ta main. ¶ Quant lopseau sera bai
gne ne lui donne cher trampee. ¶ Si tu veulx le faire
voler tost apres le baing arrouse le dung peu de eaue bi
en nette.

¶ Quant lopseau est enuenime par se
baigner en eaue enuenymee par ser
pent ou autrement.

Quant lopseau est enuenyme par se baigner en e
aue enuenymee par serpent ou autremẽt. Broye
trois grains de geneure et mesle auecqs tiriacle.
et le fais aualer a lopseau.Garde le de eaue huit iours.
Et metz de la pouldre daloes sur cher de chat de laquel
c paistras lopseau.

¶ Les signes communs de sante
en lopseau de proye.

es signes cõmuns de sante en lopseau de proye
sont. Quant son emont est digere.continue.ã nõ
entretumpu a terre. delie ã non espes.¶ Quant
sa cure est telle comme est escript ou chapitre de la cure.
Quant il se tient paisiblement sur sa perche.¶Quant il
demeyne la queue et la ventille.¶ Quãt il esplume ã net
toye du bec ses eles.commencent des la croupe iusques au
hault.¶Quant il prant quelque petite gresse sur la crou
pe de laquelle se oingt.¶ Quant lopseau resemble gras.
cler.et en couleur.comme sil auoit les plumes oingtes.
Quant il tient ses cupsses equalement.¶ Quãt les deux
veines qui sont aux racines des eles ont leur pouls et mo
uemẽt moyen ẽtre cõtinuation ã discõtinuation de pouls.

¶ Quant lopseau digere mal.les sig
nes.la cause et le remede.

Quant loyseau digere mal les signes sont. Quant souuãt il beez respire quãt plume so past.cne le mã que point mais le laisse.ou Vomit. Quãt son emont est al tere de gros noir et iaune.Quant il ne rand sa cure en tẽps deu.Quant en ouurant a deux mains fermement son bec et en luy secouant la teste sentiras puantir en sa gozge. Jl digere mal pource quil est peu trop matin deuant quil ait fait sa digestion.ou trop tard.a trop grosse gozge. Le remede est. Ne le paistz iusques quil aura bien fait sa di= gestion.et quil aura bon appetit. Puis prans du noir qui est engendre de fumeez et du feu au cul du pot.q le metz tremper en eaue lespace dune heure.apzes coule leaue.q le fais tiede.et en icelle trempe la cher du past de loyseau en mozceaux coupee.et la luy donne.Et ne le paistz plus ius= ques au soir.Lozs luy donne trois mozceaulx de cher suc= cres .Ou luy donne sur son past de semance quon treu= ue aux clous de girofle puluerises.

Quant loyseau nenduit bien sa gozge. la cause. et le remede pour la luy faire enduire ou randre.

Oyseau nenduit pas bien sa gozge . Pour ce quon luy dône si grosse gozge quil ne la peult enduire ne randre.Ou pour ce quil sengozge trop fort de sa propie.ou pour ce quil est refroidi. Lozs donne luy petit past ou de= ny past a la foys. Et de cher legiere.trampee en vin blanc tiede.Ou luy donne past vif baigne en son sang.lequel re nettra sus.Au soir donne luy quatre ou cinq clous de gi= rofle froissies et mps en coton trempe en vin vieil . Car ilz luy eschaufferont la digestion et la teste. Pour luy fai re randre sa gozge quãt il ne peut enduire. Prans vng peu de pouldre de poiure et quelle soit trempee en bon et fort vin aigre q luy laisse repouser lõguemt.q dicelui vin aigre

repouse laue luy le palais de la bouche.et luy en metz trois
ou quatre goutes dedans les narilles.Puis sil gette sa gor
ge arrouse dug peu de Vin lesdictes parties eschauffees p
le Vinaigre. Le Vinaigre ne soit point donne a oyseau trop
maigre.car il ne le pourroit supporter. Puis le metz au so/
leil ou aupres du feu.et il gettera sa gorge.

¶ Quant lopseau enduit sa gorge.mais
apres il la rand.la cause et le remede.

Dat lopseau enduit sa gorge. mais apres il la rad.
Cest ou par quelque accident qui luy est suruenu.
ou par corruption destomac. Si cest par accident que lui est
suruenu.laleine de lopseau et ce quil aura gette ne puyra
point. Lors luy donneras Vng peu daloes cicotin. Ne le pai
stras de six heures apres.et lors luy donneras bon past et
peu. Sil a gette sa gorge par corruption destomac laleine
de lopseau et ce quil aura gette puyront.Et cest pour ce ql
est peu de cher grosse ou mal nette.ou puante Pour tat soit
sa cher nette et taillee de cousteau nect et nectement . Le
metteras au soleil.et leaue deuant luy pour boire sil veult
Ne le paistras iusques au soir et a petite gorge . et de past
Vif.et arrouse de Vin.ou puluerise de limaille dacier ou de
pouldre diuire. Lesquelles font retenir le past a lopseau.
Sil ne le retient.Donne luy petis oyseaux ou soris ou ratz
iusques quil sera guery.Ou destrape en eaue tiede poul/
dre de coriandre et en icelle eaue coulee laue quatre ou ciq
iours le past de lopseau . Ou fais boullir en Vin feuilles
de laurier tant que le Vin reuiengne a moitie. laisse le re/
froidir auec les feuilles.De ce Vin fais boire a Vng couldo
tant quil meure.De la cher du quel donneras a lopseau V/
ne cuysse ou autant quelle monte.

¶ Quant lopseau na appetit de manger
la cause et le remede.

Dant lopseau na appetit de manger. Cest pour/
ce quon luy a donne au soir grosse gorge . ouquel

paſt lopſeau ſeſt trop ſaoule.ou quil eſt ort dedãs le coꝛps.
¶Baille lui ꝟng coulõb.et lui laiſſe tuer a ſoɳ plaiſir.ꝗBoi
re le ſang.Apꝛeꝯ ne lui en dõne ꝗ ꝟne cuiſſe.ou autãt quelle
mõte.Et ſi lopſeau ne ꝟouloit tirer ladicte cher ꝺõne luy
taillee en petis moꝛceaux ſuccres.ou arrouſeꝯ duile doliue
ou damãdes.Et ce peu a peu lui cõtinue iuſꝗs ꝗl ſera gue-
ꝛp.Ou lui dõne ꝟng paſſerat trampe eɳ ꝟiɳ.ou arrouſe ꝺe
miel.ou pouldꝛote de pouldꝛe ꝺe maſtic.Ou lui dõne ꝺeuerꝯ
le matin ꝟne pillule ꝺe ceulx quõ nõme pillules cõmunes
Et le tiens enchaperõne au ſoleil ou aupꝛes du feu.Laiſſe
le ꝟomir tãt quil ꝟouldꝛa.Quãt aura ꝟſe trois ou quatre
iours deſdictes pillules et ꝗl aura appetit ꝺonne luy trois
ou quatre iours limeure de fer ſur la cher de ſoɳ paſt.
          ¶Pour opſeau maigre mettre ſus.et le
          ſigne de maigreur ou ꝺe maladie.
Eſigne ꝺe maigreur ou ꝺe maladie eɳ lopſeau eſt.
     Quãt ſoɳ emõt eſt ne blanc ne noir maiꝯ eſt meſle cõ
me gris.¶Pour le mettre ſus.donne luy cher de moutoɳ.
ſoꝛis.ratz.petis opſeaux.Et a petiteꝯ goꝛgeꝯ.Ou fais bou[l]
lir eɳ pot neuf ꝟne pinte deaue.ꝟne cuilleree ꝺe miel.ꝗ troi[ꝯ]
ou quatre de beurre frois.Et eɳ icelle eaue tiede trẽpeꝗ laue cher ꝺe poꝛc.de laꝗlle paiſtras a petite goꝛge ꝺeux foiꝯ le
iour ledit opſeau.Ou pꝛãe cinq ou ſix limaſſõꝯ quõ treuue
aux ꝟignes ou aux herbes.ou fenoil.trempe les eɳ lait ꝟne
nupt eɳ ꝟɳ pot couuert ꝗlz ne ſeɳ ſaillẽt.lẽdemain au ma-
tiɳ rõp les coquilles ꝗ laue les limaſſõꝯ ꝺe lait frois.eſſupe
et les dõnes a lopſeau.Puis metz lopſeau au ſoleil ou aupꝛes du feu iuſques quil ait emuty quatre ou cĩq foyꝯ.Et
ſil endure bieɳ la chaleur elle luy eſt bõne.Apꝛes midi ſoit
peu de paſt bonꝗ a petite goꝛge.ꝗ le metz eɳ lieu chault ꝗſec
Au ſoir quãt aura paſſe ſa goꝛge dõne luy clous de girofle
cõme il eſt eſcript ou chapitꝛe quant lopſeau nẽduit biẽ ſa
goꝛge poꝛ la lui faire enduire ou randꝛe.

¶ De porter ⁊ côtregarder lopseau ⁊ luy
acoustumer les chiens.

Orter lopseau sur le poing destre est meiller ⁊ plº seur
pour lopseau q̃ sur le senestre. Pour ce q̃l est plº agile
mēt gette poꝛ Boler partāt de la main destre.⁊ en est plº legi
er ⁊ soudain. Et en montāt et descendāt ꝺu cheual lopseau
est plus seuremēt sur la destre q̃ sur la senestre. Mue le sou
uēt en ꝺiuerses mains. affin q̃l sasseure. Quāt il se ꝺebatra
et Bolatillera sur le poing remetz le agilemēt ⁊ paisiblemt.
affin q̃l acoustume toy côgnoistre ⁊ amer. Quāt lui osteras
son chaperon ne regarde point sa face. quil nen pꝛeigne mau
uaise acoustumāce ¶ Côtregarde lopseau quāt passeras les
poꝛtes.et apꝛoucheras des murs. Affin q̃ sil se ꝺebatoit quil
ne se gastast ou ses pēnes. Garde le ꝺe fumee ⁊ ꝺe pouldꝛe.
Acoustume le a ne fuyr les chiens. mais a les suyure. Et q̃l
les ait ꝺeuāt et autour deluy quāt paistra. Et lacoustume
a ouꝑꝛ et Beoir tout ce qui est ꝺe chasse.

¶ Quant lopseau ne sonstient bien ses
eles. la cause et le remede.

Hant lopseau ne sonstiēt bien ses eles. Cest pour ce q̃
quant il est nouuelemēt mys sur le poing ou sur la p
che il nest garde de se debatre et de se eschauffer. par quoy se
refroidist et ne peut sostenir ses eles. ¶ Loꝛs lie lopseau sur
eaue.et quil soit côtraint entrer en leaue.affin q̃ par se deba
tre sur leaue retire et redꝛesse ses eles. Apꝛes metz le au so
leil ou aupꝛes du feu ⁊ le tiēs chaudemēt quil ne se refroidis
se. ꝺu pisse troie iours sur les eles ꝺe lopseau.et il les sou
stiendꝛa bien.

¶ Pour faire bien lopseau au loirre. et
bien Boler au gibier.

Our faire bien lopseau au loirre. Ne le ꝺeffile poīt ius
ques q̃l reuiēdꝛa bien sur le poing.⁊ quil y māgera biē
Loꝛs deslie le sur le soir. affin quil ne sen fuye.et lui souffle
Bng peu de Bin aux yeux. Et quāt iras coucher metz le pꝛes

ᛞe top sur traiteau ou autrement seurement auec chandelle
alumee asses pres de lui.Puis deuāt iour soit enchaperōne
et mys sur le poiug.Et ainsi le traicte iusques quil soit biē
loirre et asseure des gens.Apzans le a descēdze a terre sur sa
prope.Et a oster paisiblement ses ongles de sa prope.Po⸗
cause quil ne les rompe.De la quelle rompure dongle est
apzes estzipt en son chapitre.Garde quil nacousstume en re⸗
uenaut choer a terre.mais lacoustume reuenir sur le poing
En le loirrent quāt il sera remonte gette le loirre soubz les
gēs.affin q̄ en poursuiuāt le loirre il sacoustume de suyuir
et nō pas de fuyr les gēs.Et quāt sera descēdu reclame le bi
en.Et lui fais amer le loirre.Car sil ne reuiēt bien au loirre
cōbien q̄ autremēt il soit bon si ne sera il tres prise.Gecter
lopseau po⁷ soler pres de riuieres ou pres de lieux ausq̄lz on
ne le peut suiure fait perdze lopseau.La pzemiere prope q̄
luy feras soler soit caille ou perdis.puys lieure.apzes grās
opseaux.Soule le de māger de ce quil aura pzins.et pzincipa
lemēt de sa grāde prope.Pour faire bien soler lopseau au
gibier trois choses sōt necessaires.bon maistre.bōne compai
gnie dopseaux bien solās q̄ bon pays de gibier.

## Pour ōngle rompue renouueler.

ᛋI lōngle de lopseau est rōpue en partie.Soit oingte
de gresse de serpent.q̄ elle croisstra en maniere quil sen
pourra ayder cōme des autres.Si lōngle est toute rompue
et que ny demeure que le tandzon.fais ōng doycier de cupr.
et lamplis de gresse de geline.et metz le doit de longle rom⸗
pue dedans.et atache seuremēt du mesme cupr le doycier
a la iambe de lopseau.Et remue et refroicchi le doicier de
deux iours.et ainsi le gonuerne iusques ledit tandzon soit ē
durcy.Si par uiolence de la rompure de longle la cher du
doit saigne.metz dessus pouldze de sāg de dzagon.et lestan⸗
chera.Si le doit est enfle soit engresse de gresse de geline
iusques q̄l soit guery.Si le pie ou la iambe luy enfle fais
oingnemēt de gresse de gelline.de huile rosat q̄ huile uiolat

de tourmentine de pouldre dācens (de maſtic/ du quel oing
dras lenfleure iuſques quil ſoit guery ¶ De repcter ẞngīe
deſcharnee.ou qui ẞiēt droite et non crochue eſt eſcript en la
ſeconde partie de ce liure ou tiltre du pie de lopſeau.

       ¶ Pour faire bien reuenir lopſeau quāt
       il aẞole.(la cauſe pour quop ne reuiēt

I lopſeau ne ẞeult ou ouẞlie a reuenir. gette lup
ẞng opſeau.Et celui qui lui eſt plus aggreaẞle eſt
coulomẞ ẞlanc.A ceſte cauſe dois auoir en ta iaẞici
ere ẞng coulomẞ ou autre opſeau ẞlanc pour rappeller ton
opſeau quant ne ẞouldra reuenir. La cher de poulle comme
eſt dit ou chapitre du paſt de lopſeau ne lup eſt pas ad ce ẞō¬
ne.¶ La cauſe pour quop lopſeau ne reuiēt eſt quil eſt peu
ſouuent tenu (porte.par quop neſt acouſtame. Ou pour ce
quil hait ſon maiſtre.car il le traicte rudemēt. Ou pour au¬
cune douleur qui lup eſt ſuruenue.Le npais neſt pas ſi fu¬
gitif que le mue.Car il neſt pas ſi aſtut et cault que le mue
¶ Si lopſeau ne ẞeult reuenir.Pras Du gros Dune petite
feue de greſſe du nōẞril de cheual.et de nupt oingz le ẞec De
lopſeau.et il amera ſon maiſtre et reuiendra a lui facilemt.
Ou trampe en eaue ẞne nupt pouldre de rigalice et en icel
le eaue coulee fais tremper cher de ẞache coupee en leſches.
De laquelle paiſtras lopſeau. La cher de ẞache cōme eſt dit
ou chapitre Du paſt De lopſeau neſt pas pour paſt.mais eſt
pour ceſte medecine.Ou prans herbe nōmee coſt ou ſelon les
autres ẞaume.ſeche la (pulueriſe.(dicelle pouldre mettras
ſur la cher que māgera lopſeau. Si par orgueil ne ẞeult re¬
uenir.Prans du ſel rouge a la quātite dung ẞiē gros pois.et
le metz ſur ſon paſt.lequel lup fera getter toute ſa ſupflui¬
te et ſon orgueil corriger.

       ¶ Pour faire auoir fain a lopſeau qui eſt
       trop peu quāt on le ẞeult faire ẞoler.

Our faire fain a lopſeau qui eſt trop peu quāt on le
ẞeult faire ẞoler.Donne lup au ſop en ſa cure ẞne

pillule daloes auec ius de choulx rouges.Ou lui donne trois
morceaulx de cher.Dedans chascun morceau de succre aussi
gros q̃ ung poys.Et tantost emutira deux ou trois fois. et
aura fain.

## Pour desacoustumer lopseau de soy
## percher en arbre.

Our desacoustumer lopseau de soy percher en arbre
Laisse le percher en arbre trois ou quatre foys quant
le tẽps sera nubileux/pluuieux et quãt il fait rosee . Et par
tel ẽnuy craindra de si percher.

## Quant lopseau na voulente de voler.
## le remede pour le faire voler.

Dant lopseau na voulẽte de voler.Baille luy leau
po̱ soy buigner. Laue luy bien en eaue tiede son past
Ou lui dõne une pillule de gresse d̃ lart.cõme est escript ou
chapitre pour purger lopseau en tous temps.

## Quant lopseau est esgare.ou on ne peut
## ouyr ses sonnetes ce q̃l est de faire.

Dant lopseau est esgare.ou on ne peut ouyr ses son
netes. Cest pour ce q̃ les opseaux de prope par leur a
stuce portent souuẽt leur prope es cauernes ou pres des ca/
ues.par quoy on ne peut ouyr leurs sonnetes. Lors regarde
ou voirras les opseaux voler.et crier.car la doit estre le tien.
qui est cause du cry des autres . Ou si tu ne le voys ou ne le
peu; ouyr mõte en lieu hault.et metz ton aureille contre ter
re et clost lautre dessus.et oyrras lesdis opseaux . Si cest en
lieu plain et descouuert metz ton front cõtre terre en clopãt
une aureille/puys lautre.et de quelque coste oyrras ou doit
estre ton opseau.

## Pour faire lopseau hardi a sa prope.et
## voler grans opseaux . et comment lors
## doit estre porte.

Our faire lopseau hardi a sa prope.et voler grãs oy
seaux. Trempe en vin par son past.Duquel lui dõ₂

L ui

neras quant seras au gibier. Si ceſt pour auſtour fais le trē
per en Binaigre.et lui en donne le groſ dune amande. Quāt
le Bouldzas faire Boler dōne lui trois mozceaux de cher trē
pee en Bin. Ou prens Bng petit coulomb et luy ouureras le
bec. et rēpliras ledit coulomb de Binaigre. puis fais Boler le
dit coulomb iuſqs que le Binaigre entre dedās ſa cher. Dela
quelle dōneras a ton opſeau quāt ſeras au gibier. ¶ Quāt
il eſt hardi ne le pozte point ſur le poing ꝗ en lieu ſolitaire.

¶ Pour faire lanper gruper.

Our faire lanper gruper. fais Bne cauerne et cham
brete obſcure ſoubz terre.ꝗ metz le lanper ꝗl ne Boye
point de lumiere ſi non quāt le paiſtras. Ne le tiēſ point ſur
le poing ꝗ de nupt. Quāt Bouldzas ꝗl Bole fais feu en ſad
cauerne ꝗ quāt elle ſera chaulde oſte le feu ꝗ baigne lopſeau
en Bin pur. ꝗ le metz en icelle cauerne.Puis le paiſtz de cerue
au de gelline.Meine le Boler deuāt iour.Et quāt le iour ap
paroiſtra gette le ꝺ loing aux grueſ. leꝗl io ꝫ il ne prēdza riēs
ſi neſt p auāture.Mais les autres ioures enſuiuāꝵ il ſera bō.
Et pꝛicipalemēt depuis lamy iuillet iuſqs a lamy octobze.
Apres la mue ſera meilleur que par auant. En temps froit
cōme en puer ne Bault riens.

¶ Quant lopſeau Bole autre pzope quil ne
Doit.pour la luy faire hapr.

uāt lopſeau Bole autre pzope ꝗl ne doit cōme couſōꝛ
corneille ꝗ autre poꝛ la lui faire hapr. Pozte en ta gi
biſſiere fiel de gelline duꝗl oingdzas la poitrine ꝺe lopſeau
quil aura pzis delaꝗlle lui laiſſeras Bng peu māger.car par
celle amertume hapra les opſeaux de telle ſozte.

¶ Pour muer lopſeau de pzope.en ꝗl tēpſ il mue.et
poꝛ le muer ou ſur le poing ſās cher.ou en mue a
uec cher.ꝗmēt doit eſtre purge ꝗ diſpoſe quāt on ſy
met.Du bon paſt poꝛ lui en la mue. ꝗ pour lui faire
toſt ꝗ bien muer ꝗ le remede quāt il mue mal.

¶ Eſperuier mue en mars ou en auril.ꝗ a mue en aouſt.

Le faulcon mue a camp feurier. ¶Po' muer lopseau sur le
poing.q̃l soit mieulx asseure ⁊ ne craigne lee gens. Paistz le
ur le poĩg.q̃ lui mue souuẽt son past ⁊ lui dõne souuẽt de ce
ui q̃l mãgera pl' Volẽtiers.Porte le matin⁊ soir.En temps
hault met le en chãbre fresche ou il y ait Vne pchĕ sur laq̃lle
uisse Voler quãt Vouldra. Sil se debat si lĕchaperõne ou se
orte ĕchaperõne en lieu frois. Sil se debat sur le poing souf
le lui ou bec/soubz les eles ⁊ p le corps. Il ne se debatra si nõ
ãt q̃l omĕcera a getter.Quãt il getera biĕ ses plumes metz
e en lad chãbre ⁊ dessoubz lui Vne mote de herbe Verte ⁊ sablõ
lui offriras leaue chascũe septmaine.Et ainsi muera biĕ et
era bon.  Po' muer lopseau sãs cher. Bouilliras Vn moyeu
oeuf q̃l soit duret.⁊ le refroidiras en eau froide puis lessuye
as.Quãt p̃mieremt le dõneras a lopseau po' lacoustumer
u mixtiõneras led moyeu auec sãg de gelline ou dautre op
eau.⁊ le dõneras a lopseau.¶La mue de lopseau doit estre
Vne maisõnete en lieu solitaire sãs pouldre ⁊ fumee ⁊ ou les
oules ne puissẽt Venir affĩ q̃ les poulz ne tũbẽt dedãs lamue.
 gasteroiẽt lopseau.La mue soit close deuers midi po' le Vẽt
hault ⁊pluuieux.Metz dedãs la mue sablõ ⁊ de trois io's en
rois ⁊ herbe fresche saulces⁊ brãches.⁊ deuãt lopseau Vne ti
iete plaie deaue po' boire ⁊ se baigner.¶Quãt on Veult me
re lopseau en mue le fault p̃mieremt p'ger des poulz ⁊quãt
n le met hors.Soit purge cõe est escript ou chp̃re po' purger
opseau en to' temps . Aguise lui le bec ⁊ lui oings.plume le
oubz le col ⁊ soubz la queue.paistz le en la mue sept io's de
etis coulõbz auec leur sãg.puis trois io's de cher trẽpee en V
ine.¶Po' faire tost ⁊ biĕ muer paistz le de cher de herissõ sãs
tresse.ou prãs des glãdes q̃ sõt ou col de moutõ dess oubz lau
eille ⁊ hache menu ⁊ lui dõne auec son past. ⁊ trouue facon
uil les auale sil ne les Vouloit mãger. Sil se met a getter
fumes ne lui en donne plus.car il pourroit aussi bien get'
er les neuues que les Vieilles.Ou lui donne trois iours ou
ieu desdictes glandes cher de ratz ou de taulpee oingte De

beurre. Apres donne lui une piesse de cher de serpent auec la
peau ôtre la teste et la queue.et trois petites ranoilles. ¶ Po²
faire bien muer toute espece doyseau. Paistz le de cher de pe
tis chiens de lait trempee ou lait de la mulete du chien.apres
donne lui la mulete coupee en morceaux. Car ce past lui est
naturel. ¶ Quant les plumes dudit oyseau comanceront
a saillir oingt la cher de son past duille. nôme sisaminum.
Car il lui fera les plumes grossetes ʒ moles. Et si elles sail
lopent seches se romperoiêt ou dedãs ou dehors la cher de
loyseau. Ne le mect hors de la mue iusques quil aura bien
mue toutes les plumes. ¶ Quât les plumes saillent mai/
gres/seiches/courtes ou vieilles cest pour ce quelles saillêt
trop tost.et loyseau na pas gresse suffisante pour les nour/
rir. Lors le nourriras de cher de petis coulomb; et dautres
chers chauldes. ¶ Sil ya aucune penne ou pennes mauuai
ses qui ne chyeent point ou qui saillêt mauuaisemêt oingtz
les duille de laurier car il les fera cheoir et naistre bonnes.
¶ Si leston aucune suruient a loyseau estant en la mue le
meilleur est differer toute medecine iusques quil sera hors
de maladie. Car les medecines ordonnees pour sa mue sont
contraires a sa nature.

¶ Quât loyseau engêdre oeufz dedãs le uê
tre en la mue ou ailleurs.les signes ʒ le re
mede po² len preseruer ou les lui faire fôdre.

Hant loyseau engêdre oeufz dedãs son uêtre en la
mue ou ailleis il est malade ʒ en peril de mozir. ¶ Les
signes quât il engêdre oeufz sont ʒ le fôdemêt lui enfle ʒ de
uiêt roux.ʒ les narilles ʒ les yeux lui enflêt. ¶ Pour len pre
seruer dône lui despuis le moys de mars dedãs son past do²pi
gment aussi gros ʒ ung pops.leql lui refroidira ce desir. Et
la cher ʒ lui dôneras huit ou dix io²s soit lauee deaue de ui/
gne laqlle degoute ʒ la uigne nouuelemêt taillee.

Pour oyseau saillât de la mue gras ʒ o²guil
leux randre familier quil ne sen fuye

Opseau partant de la mue est gras.et a ceste cau∕
se quât il sent laer ⁊ le ⸝et froit se debat ⁊ se schau
fe.par quoy est en dangier de se refroidir et de mo∕
rir.portât porte le paisiblemt enchaperône ⁊ hors du chault.
Et pour ce quil est gras ⁊ orguilleux et quil sen pourroit
fuyr.purge le par pillule de gras de lart ordônee ou chapitre
pour purger lopseau en tous temps. Paisttz le de cher de poul
mon de mouton taillee en lopins.et lauee tant quelle perde
tout le sang. et la plus part de sa subsstâce.car elle amaigri∕
ra lopseau.Mettz et lie sur la perche de lopseau boue grasse
ou engresse la perche.⁊ de nupt lie dessus lopseau.Car pour
ce quil glissera il trauaillera et ne pourra dormir.samaigri
ra.et se randra plus familier.Loirre le bien quil ne sen fuye
Sil est trop gras et nest bien purge⁊ reclame il sen fuyra.

Quant lopseau pert le manger apres
la mue.le remede pour luy donner ap∕
petit de manger.

Dant lopseau pert le manger apres la mue le re∕
mede pour luy donner appetit de manger est.Prâs
aloes cicotrin en pouldre.⁊ ius de chous rouges tout
nesle et mps en bopaux de gelline.lye aux boutz.et lui fais
aualer.Puys le tien sur le poing iusques quil soit purge. et
ne le laisse iusques apres mydi.Lors donne luy past vif et
bon.et landemain de gelline.Apres baille luy leaue pour se
baigner.Ceste medecine est bône côtre aguilles ⁊ filâdres.

Ensuit la secôde partie du liure des opseaux de fal
cônerie.Contenât les maladies desô opseaux ⁊ les
medecines dicelles. Distribuees par rubriches
et chapitres selon lordre des mêbres de lopseau cômencent
ou cerueau en descendant iusques a la plante du pie. Es
maladies iay escript le plus souuêt que iay peu les signes
por les côgnoistre.les causes dicelles.et les remedes approu
uez par les bien scauans et experts et par lart de medecine.

¶En laiſſant toute ſuperfluite apparête ou difficile et tout
dangier pour lopſeau cōme eſt dit ou prologue De ce liure.
En donnant les medecines aux opſeaux on doit conſiderer
la diſpoſition et Sertu dicelui.et la qualite Du temps pour
lors.et ſelon icelles temperer ou Sarier ou cōtinuer leſdictes
medecines.

¶Senſuiuêt les rubriches De la ſecōde partie
du liure de falcōnerie.

¶Les ſignes cōmuns de maladie eŋ opſeau de prope.
### ¶Cerueau
¶Cōtre reume ou cerueau de lopſeau.Les ſignes.la cauſe et
le remede.

¶Cōtre reume ſec ou cerueau De lopſeau.les ſignes et le re-
¶Cōtre reume engêdre ou cerueau de lopſeau      (mede
par fumee ou par pouldre.le ſigne et le remede.
¶Cōtre le hault mal dit epilêtie.les ſignes.la cauſe le re-
mede.et la cōtagion dicelle maladie.
¶Duant lopſeau dort ſouuêt pour leſueiller.

### ¶Aureilles.
¶Cōtre opilation et ſourdite des aureilles de lopſeau.le ſi-
gne.la cauſe.et le remede.

### ¶Paupieres.
¶Cōtre enfleure et Siſcoſite des paupieres de lopſeau.le ſi
gne.la cauſe et le remede.

### yeux.
¶Cōtre efleure des yeux de lopſeau.les cauſes et le remede
¶Cōtre lermes ou eſcume ſaillent des yeux de lopſeau.la
cauſe et le remede.
¶Cōtre blancheur et taye autremêt dicte Serole ou longe
en lueil de lopſeau.le ſigne.la cauſe et le remede.
¶Cōtre Sers engêdres es yeux De lopſeau.le ſigne et le re-
### ¶Couronne bec.                              (mede.
¶Cōtre maladie eŋ la courōne Du bec.le ſigne.la cauſe et le
### ¶Narilles.                              (remede.

Pour narilles par reume conſtipees.

Quāt lopſeau rōfle.ou par greſſe.ou p froideur.ou p cha
### Maſchoueres. (leur

Cōtre la maladie des barbillōs autremēt ditz ſourchillōs
le ſigne.la cauſe.et le remede.
### Palais.

Contre chancre ou palais de la bouche De lopſeau.les ſi
gnes.la cauſe.et le remede.
### Langue.

Cōtre la pepie en la langue de lopſeau.les ſignes .la cau
ſe.et le remede.
### Goſier.

Cōtre fleume engēdze ou goſier de lopſeau.le ſigne ꝗ le re
Cōtre la maladie des ſaſues ꝗ ſōt ou goſier de (mede.
lopſeau. le ſigne.la cauſe.et le remede.

Cōtre filādzeſ.les eſpeces dicelleſ.le ſigne.la cauſe.ꝗ le re
Contre raucite ſeche de lopſeau. (mede
Contre laleine puāte de lopſeau.la cauſe.et le remede.
### Plumes et pennes.

Contre poulz es plumes de lopſeau. les ſignes. et quant
on les luy doit oſter.et comment.

Contre teigne es pennes de lopſeau.De ſes deux eſpeces.
leurs ſignes.la cauſe.et le remede.
### Corps.

Quāt lopſeau heriſſonne.les ſignes.et le remede.

Quāt lopſeau tramble.ꝗ ne ſe peut ſonſtenir. le remede.

Quant lopſeau a pzins coup en hurtant a quelque choſe
ou contre ſa pzoye.le remede.

Quant lopſeau ceſt fait playe en hurtāt cōme eſt eſcript
ou chapitre du coup.le remede.

Pour ſepne eſtancher le remede.

Pour os hozs du lieu ou rompu faire repzendze.

Des maladies et medecines qui ſont Dedans le corps.et
quon ne Soit point.

## ¶ Les signes cõmuns de la maladie en l'opseau de proye.

Les signes de chaleur exterieure en l'opseau sont quãt il tiẽt
sa bouche ouuerte.la langue tremblant.respire soudaineẽt
les yeulx luy engrossissent.ioinct les eles.les plumes dessus
le col desqueuurẽt la cher.les pennes grosses des eles quon
nõme couteaulx sont tasches ʒ panchans ¶ Les signes de
froideur exterieure en l'opseau sont . quant il clost en partie
ou du tout les yeulx.ʒ lieue ung pie.ʒ herisse les plumes
¶ Les signes quil est las ou malade sont . quant il a la bouche
close/les eles abatues . respire souuent par les narilles.
Le signe quil est debile est. quant il sapuye aucunement sur
la perche ¶ Le signe quil est mal gouuerne : ʒ qĩ est maigre
est.quant il espeluche souuent ses plumes ¶ Les signes de
mort en l'opseau sont.quant son esmont est vert . ʒ quant en
saillant il ne peult sur sa perche remonter.

### Cerueau
¶ Contre reume ou cerueau de l'opseau.les
signes.la cause.ʒ le remede.

Les signes pour cognoistre le reume ou cerueau de l'opseau
sont.Quant il gette eau des narilles. et a lermes cõme une
nue aux yeulx.et au soir clost ung oeil.puys lautre.puys to⁹
deux . ʒ le queuure du hault de lele.ʒ semble quil dorme. Et
demeyne souuẽt les paupieres.ʒ a la teste enflee entre lueil
ʒ le bec. Le reume luy engendre aucunefois la tape en lueil
et longle. la pepie en la langue. luy fait enfler le palais. luy
engendre le chancre. Quãt il semble que le reume sault par
les yeulx /ou par les narilles/ou par la bouche l'opseau est en
dangier de mort ¶ La cause dudit reume est que l'opseau est
peu de cher grosse.ou mauuaise a grosse gorge . Et plustost
luy vient quant il est maigre que quant il est bien gras.

D i

Et pour ce quil ne peult enduire tel past / mais serrent son guesir il deuient puât. ¶ celle puanteur montât au cerueau de lopseau luy clost les aureilles ¶narilles ¶ conduis des hu meurs. tellement quelles ne peuent buider côme celles ont acoustume. ¶ Le remede est purger lopseau. ainsi quil est escript au chapitre. pour purger lopseau en tous temps. Quant lopseau demeine souurt les paupieres par le reume du cerueau. Metz en ses narilles huille biolat. le iour apres donne luy en son past vng peu de sel armoniac mesle auerq beurre le tiers iour souffle en ses narilles vng peu de tiracle mesle auec huile biolat

¶ Contre reume sec ou cerueau de lopseau. les signes ¶ le remede.

Les signes du reume sec ou cerueau de lopseau sont quant lopseau esternue monlt. ¶ riens ne luy sault des narilles Pour lequel reume guerir souffle obsomogaru auec vin biel aux narilles de lopseau. Apres met lopseau au soleil ou au pres du feu. Quant lesternuer luy sera passe donne luy cher nerueuse pour le faire trauailler en tirant / affin que par tel labeur ledit reume descende du cerueau aux narilles ¶ saille hors. Quant lopseau a la teste enflee par ledit reume. metz soubz les pies dicelluy drap de leine moille en eau froide que lopseau sente la froideur. ¶ Quant il frote ses plumes ¶ se gtate a cause de ceste maladie. dône luy enson past maulues bropees. Quât il bee souuent ¶ respire fort par ledit reume Prens trois goutes duille de lauriet ¶vne vnce duille doliue trois moyeux doeufz. ¶ du cost autrement nôme baume mesle tout ensemble. ¶ donne sur le past de lopseau.

¶ Contre reume engendre ou cerueau de lopseau par fumee ou par pouldre. le signe ¶ le remede.

Le signe de reume egendre ou cerueau de lopseau par fumee ou par pouldre est. quât il gette fleugme ¶ eau des narilles.

Souffle vin viel aux narilles ⁊ face de lopseau . Ou huille
violat mesle auec let de femme. si le temps est chauld.
Ou broye ail sauuage auec vin vieil. ⁊ de ce moille les naril
les de lopseau.⁊ qlen entre dedens . Et cella luy fera getter
le fleugme. Puys met leau deuant luy Ou le metz sur eau
coucant.quil se puisse lauer.

¶ Contre le hault mal/dit epilence. les signes.
la cause.le remede. ⁊ la contagion de celle ma
ladie.

Les signes du hault mal dit epilence sõt.Que lopseau chiet
soudainement. Et gist par aucun temps cõme mort. Et ce
luy vient souuent au matin ⁊ au vespre. Il a les yeulx clos.
Les paupieres enflees.Laleine puãte.Et sefforce de esmeu
tir. La cause de e ceste maladie est chaleur ⁊ fumee du foye.
laquelle monte au cerueau ⁊ le lie ⁊ trouble. Le remede est
Purger lopseau cõme est escript en la premiere partie de ce
liure.ou chapitre de purger lopseau en tous temps.Ou luy
donne dedens peu de cher le gros de deux pois de aurea ale
xandrine.Apres fais pouldre de lentilles rousses:⁊ prens lin
ceure de fer bien menue.⁊ tant dun que dautre.⁊ lie to⁹ deux
en miel.⁊ en fais pillules du gros dun pois/desquelles deux
ou trois feras aualer a lopseau. Apres le tien sur le poing au
soleil ou au pres du feu/ iusques quil ait emuty vnefois ou
deux Ne soit peu iusques apres midy.lors luy dõne bonpast
⁊ petite gorge . ou fais pillules de pouldre de gerapigre auec
ius dalopne . lesquelles donne a lopseau ensa cure. ¶ Ou
luy donne pouldre de gomme balsami ⁊ castorei auec ius
de mentastre / autrement nommee lherbe contre les puces
Soit lopseau tenu de iour en lieu obscur.⁊ leau deuant luy.
laquelle luy est necessaire . De nupt soit tenu a la frescheur.
Et fais ainsi six ou hupt iours Ceste maladie est cõtagieuse.
Pour ce garde que autre opseau naproche de luy . Et garde
toy de toucher le gant sur lequel il aura estemps.

D ii

¶Quant lopseau dozt souuent/pour lesueiller

Quant lopseau dozt souuēt poˀ lesueiller. Paiſt le de queue
de mouton oingte duille doliue

## Aureilles

¶ Contre oppilation ꝗ ſourdite des aureilles de
lopſeau. le ſigne. la cauſe. ꝗ le remede.

Le ſigne doppilation ꝗ ſourdite des aureilles de lopſeau eſt
quant il poſe la teſte de trauers. et eſt tout mat ¶ La cauſe
eſt le reume quil a en ſa teſte ¶ Le remede eſt le purger ainſi
quil eſt eſcript au chapitre de purger lopſeau en toˀ temps.
Aps pouldrope la cher du paſt dicellui de poyure blanc icelle
cher en leſches miſe.

## Paupieres.

¶ Contre enfleure ꝗ Biſcoſite des paupieres de
lopſeau. le ſigne. la cauſe. ꝗ le remede.

Le ſigne denfleure ꝗ Biſcoſite des paupieres de lopſeau eſt
quil a enfleure deſſus lueil. ꝗ que les paupieres deuiennē
noires. La cauſe eſt le reume du cerueau. Et de ce luy peult
Benir la maladie nōmee longle . ꝗ poura tant croiſtre quelle
creuera lueil a lopſeau. Le remede eſt. purger le cerueau de
lopſeau ainſi ꝗl eſt ſouuēt dit. ¶ Quant les paupieres ſont
ſi Biſqueuſes quelles ſe ioingnēt enſemble. laue les de Bin
Bieil. ꝗ paiſtz lopſeau de cher chaulde. Et pulueriſeras fiāte
de Bache ieune de laquelle auec canon de penne ou aultre
tuyau ſouff.eras aux peux ꝗ narilles de lopſeau.

## peux.

¶ Contre enfleure des yeux de lopſeau.
les cauſes ꝗ le remede.

Lefleure des yeux de lopſeau Bißt pour trois cauſes. ou par
Bentoſite. ou par coup. ou par playe ¶ Si par Bentoſite les
peulx ſont enflez. deſtrampe mouſtarde en eau. de laquelle
oingdras lenfleure. Si par coup les yeux ſont enflez. laue le
coup deau roſe ꝗ deau de fenoil tant dūn que dautre. Si par
playe les peulx ſont enfiés en hurtant a quelque eſpine ou
ailleurs. Meſle arſenic rouge auec let de fēme. du quel Beux

ou trois ioure mettras fur ledit lieu. ¶ Si tu doubtes que
lopfeau en perde la veue. Prens racine de garace τ fel gēme
tant dun que dautre τ puluerife. τ feuffle matin τ foer aux
ditz peulx

¶ Contre lermes ou efcume faillent des peulx
de lopfeau. la caufe τ le remede.

Les lermes faillent des peulx de lopfeau pour trops caufes
La premiere eft par quelque chofe qui eft cheute en lueil de
lopfeau. Et le congnoit on a ce que lopfeau euure les peulx
auec fes pennes. τ fault diceulx eau τ lermes. Lors feuffle
du vin en lueil de lopfeau. τ apres y metz du fang chauld de
pafferat ¶ La feconde caufe eft grande chaleur. Lors diftille
ras eau rofe en lueil de lopfeau. La tierce caufe eft humidite
du cerueau. Lors prendras eau dail pile. de laquelle mettras
fur ledit oeil. ¶ Pour les trois caufes deffufdictes pour le
paft de lopfeau. prēdras fel gēme. huille doliue. miel efcume
blanc doeuf. tant dung que dautre. mefle enfemble: τ mys
fur trois lefches de cher q lopfeau mengera . Quāt efcume
fault des peulx de lopfeau Prenscoft autremēt nōme baume
τ popure long: τ femence de iufquiami tant dun que dautre
τ mys en pouldre / de laquelle mettrastrois ioure au palais
de lopfeau.

¶ Contre blancheur τ taye autremēt dicte de
role ou ongle en lueil de lopfeau. le figne. la
caufe τ le remede.

La blancheur τtaye autremēt dicte verole en lueil de lopfeau
eft cōme vne taye venant du cofte de lueil en le queuurant.
τ eft vng peu noire. Et quant vient fur la prunelle de lueil
elle le creue ¶ Elle vient ou par fleume du cerueau. ou par
coup / ou par le chaperon qui touche trop longuement lueil.
Si ladicte taye vient par fleume / purgeras lopfeau ainfi
quil eft dit fouuent de fa purgation commune.

D iii

Apres fais pouldre de coquilles doeufz ⁊ de sel gẽme tant
dun que dautre/mesle ensẽble. ⁊ le souffle auec ẽg tuyau
de penne/ou autre dedens les peulx de loyseau. Ou fais
cendre descorse de courge vieille. laquelle auxdis peulx souf-
fleras. Si la taye viẽt de coup prens arsenic rouge puluerise
⁊ eau de coriandre. ⁊ sang chault tire de la veine dessoubz le le
du coulomb/ tout mesle ensẽble: ⁊ metz sur lueil de loyseau
¶ Si loyseau a la veue empeschee:⁊ ne closset point les paupieres. Prens sang de chien mesle auec vrine:⁊ le distille dedens les peux de loyseau. Si la taye est forte la feras oster
par ẽg cirurgien ou ẽg barbier. Apres prendras miel et
fiel de bouc mesle ensemble. ⁊ le distilleras sur ladicte maladie. Si la maladie deuient rouge. Prens les entrailles de
trois ou quatre passeras masles. ⁊ les trampe en eau. De la
quelle sur ladicte maladie distilleras.

<br>

      ¶ Contre vers engendrez aux peux
        De loyseau. le signe: ⁊ le remede
Le signe de vers engendrez aux peux de loyseau est. tu tan-
terseras auec vne cureoreille/ou autre instrument a ce ppre
les paupieres de loyseau ⁊ tu verras lors les vers ⁊ extremi-
tez vaultes des peux de loyseau. Lesquelz des peux osteras.
Sil y demeure qlque chose que ne puisses oster gette dessus
vng peu de vinaigre. leql expellera lesdits vers. puis y gette
vng peu de vin vieil qui ladicte maladie guerira. Ou prens
vne esponge emmiellee. de laquelle nettoyeras les peux de
loyseau. ¶ Garde que ne luy donnes past de cher auec son
sang. Car le sang nourriroit lesdits vers

                  Couronne bec
      ¶ Contre maladie en la couronne du bec
        Le signe. la cause ⁊ le remede.
Le signe de la maladie en la couronne du bec est. Quãt elle
deuient rousse. puys se descharne. ⁊ cõmence se despartir du
bec ⁊ de la teste. ⁊ loyseau grate ses narilles ¶ La cause sont

poulz qui sont sur le bec. qui mangent la couronne dedens:
ꝗ entrent dedens les narilles. Le remede est. Prens fiel de
beuf. ꝗ pouldre daloes cicotin ensemble meslez. ꝗ en oingz
deux foys le iour le lieu malade ꝗ ou sont le poulz. Garde ꝗl
ne touche lueil ou les narilles. Et continue iusques ꝗl soit
guery. ¶ Le remede du bec rompu est escript en la premiere
partie de ce liure.

### Narilles.

¶ Pour narilles par reume constipees.
Pour narilles par reume cõstipees fais tirer a lopseau past
nerueux ꝗ dur. par lequel tirer ꝗ trauailler le reume descende
ꝗ saille. donne luy cher de porc chaude ꝗ oingte duille dolive
Ou metz pouldre de stafisagre dedens vng tupau de pẽne
et la souffle dedens les narilles de lopseau. Ou prens vng
grain de besse sauuage: ꝗ deux de popure puluerisez ensẽble
ꝗ liez auec miel. De quop oingdras les narilles de lopseau.
Et metz deuant luy leau. Et le paistz ausespre de cher de
mouton chaulde.

### ¶ Quant lopseau ronfle. ou par gresse
### ou par froideur. ou par chaleur

Quant lopseau ronfle ꝗl est gras. Prens vng bouillon tont
des bouillons qui esclatent du fer quant on le forge. brope
le. ꝗ en donne a lopseau le pois dun grain auec bonne cher.
Sil ronfle par fleume Prẽs de opoponaco le pois dungrain
ꝗ le destrempe en huplle sisaminũ. ꝗ le metz es narilles de
lopseau. Ou prens musc destrampe en huplle sisaminũ. et
le metz es narilles de lopseau. Et soit peu dun petit coulõb
Sil ne guerist frote lui le palais de moustarde ꝗde miel mes
lez ensemble ¶ Sil ronfle par froidure mesle en son past la
sixiesme partie dune dragme dail sauuage ¶ Sil ronfle par
challeur. puluerise ensemble roses/rigalice/sposill tant dun
que dautre. ꝗ de ces choses ensemble la sixiesme partie dune
dragme mesle auec le past de lopseau.

### Maschoueres

¶ Contre la maladie des barbellonsautremēt ditz fourchillōs.le signe.la cause.ꝯle remede

Le signe de la maladie des barbillons autremēt ditz four-chillons est. que quant lopseau a les maschoueres enflece. Et la langue rude.Quil pert lappetit de manger. Et quil ne peult ouurir ne clorre la bouche. La cause est fleugme froit du cerueau descendant sur ce lieu. Ou le chaperon de lopseau qui luy est trop petit / ou sarre trop. Le remede est. Purgier lopseau par les pillules du gras de lart. ordōnces ou capitre pour purger lopseau en tout temps. Apres arrou se luy trops ou quatre iours les maschoueres et la bouche duille damandes doulces ou duille doliue. Ou prenspoul-dre de orpigment messlee auec beurre frops et miel.de quoy oingdras le palais de lopseau. Apres le mectras au souleil ou au pres du feu.

### Palais.

¶ Contre chancre ou palais dela bouche de lop seau.les signes.la cause.et le remede.

Les signes de chancre ou palais de la bouche de lopseau sōt que quant lopseau bee et crye.Bat vne partie du bec contre lautre.Et quil a baue blanche ou palais. Quant il tourne souuent la teste.et frote les yeux au muscle.Et quāt le pa-lais apres noirete luy deuient palle.quāt il paist agrāt poy-ne:ou en mangent il grate tant le palais quille fait enfler. et en sault sang.ou que il chiet enpaiscent.La cause de ceste maladie est. le fleugme de lopseau engendre de mauuaise past ꝯort.duquel la challeur monte ala teste et fait adustion et dicelle vient corrosion oudit lieu. Le remede aceste mala die est. Drens beurre et pouldre de popure mesles ensemble et luy en frote trois iours le lieu de ladicte maladie.ou pres sel:pouldre de popure:semence de iusquiami tant dun que dautre.broye ꝯmis ensemble.et en frote ledit lieu. Puys le laue de vinaigre. Si cher morte psuruenoit metz sur icelle pouldre dalu muuise en ius de lymon Baigne son past et sa cure en eau de spic·

## Langue.

¶ Côtre la pepie en langue de lopseau. les signes. la cause. et le remede·

Les signes de la pepie en la langue de lopseau sôt. que quât
il esternue souuent. ㄱce faisant crpe deux ou trops soys. La
cause est. la cher mauuaise ordz et puante sans lauer De la
quelle est peu. Le remede est. Premierement laue lalangue
et la pepie deau rose mise en coton lie ou bout dun bastônet.
Apres oingz luy trois ou quatre iours langue duille dostue
ㄱduille damâdes mesles ensemble Et la pepie se blanchira
et mollifiera. Quant elle sera bien meure oste la: comme on
fait aux poulses. Apres oingz la langue de lopseau trois ou
quatre foys le tout desdictes huilles iusquesqlle soit guerie

## Gosier.

¶ Côtre fleugme engẽdze ou gosier de lopseau
le signe. et le remede.

Le signe de fleugme engendze ou gosier de lopseau est . que
tu Boeprras ou gosier de lopseau fleugme gros côe crachat·
et ceste maladie engresse lopseau. Le remede est tel . Prens
le pois de trois grains de sel armoniac. mesle auec miel. ㄱen
frote le gosier de lopseau. ㄱ ce a trois heures aps midi. puys
prens rigalice ㄱ de penicles sept dzagmes tant dun q dautre
de ferre dozge quatozse dzagmes. ㄱ dix liures deau. faiz tout
Bouillir/coler ㄱ refroidir iusques qui sera tiede. ㄱ le metz deuant lopseau Ne soit peu lopseau iusques a neuf heures de
soer. Apres le paistras Delle De gelline. Si ce ne le guerist.
Prens stafisaigre bropee auec Boxache. ㄱ auec Bng dzap eau
en frote ledit lieu malade. Et quât ledit fleugme sera sailli
paistras lopseau De cher De coulomb auec son sang . Et le
mectras au soleil ou au pres du feu· et leau deuant luy.

¶ Contre la maladie Des sansues qui sont ou
gosier de loiseau. le signe. la cause· ㄱle remede
Le signe De la maladie Des sansues qui sont ou gosier De

¶ Contre la maladie des barbellonsautremēt
ditz fourchillōs.le signe.la cause. ale remede
Le signe de la maladie Des barbillons autremēt ditz four‑
chillons est . que quant lopseau a les maschoueres enflees.
Et la langue rude .Quil pert lappetit de manger. Et quil
ne peult ouurir ne clorre la bouche . La cause est fleugme
froit du cerueau descendant sur ce lieu. Ou le chaperon de
lopseau qui luy est trop petit / ou sarre trop. Le remede est.
Purgier lopseau par les pillules du gras De lart. ordōnces
ou capitre pour purger lopseau en tout temps. Apres arrou‑
se luy troys ou quatre iours les maschoueres et la bouche
duille damandes doulces ou duille doliue. Ou prenspoul‑
dre de orpigment mesllee auec beurre froys et miel. De quoy
oingdras le palais De lopseau . Apres le mectras au souleil
ou au pres du feu .

Palais.

¶ Contre chancre ou palais dela bouche de lop
seau.les signes.la cause.et le remede.
Les signes de chancre ou palais de la bouche de lopseau sōt
que quant lopseau bee et crye.bat vne partie du bec contre
lautre.Et quil a baue blanche ou palais. Quant il tourne
souuent la teste.et frote les yeux au muscle. Et quāt le pa‑
lais apres noirete luy deuient palle.quāt il paist agrāt pop‑
ne:ou en mangent il grate tant le palais quille fait enfler .
et en sault sang.ou que il chiet enpaiscent.La cause de ceste
maladie est. le fleugme De lopseau engendre De mauuais
past (rort duquel la challeur monte ala teste et fait adustion
et dicelle vient corrosion oudit lieu. Le remede aceste mala
die est. Prens beurre et pouldre de popure mes les ensemble
et luy en frote trois iours le lieu de ladicte maladie·ou prēs
sel:pouldre de popure:semence de iusquiami tant Dun que
dautre.Brope (mis ensemble.et en frote ledit lieu. Puys le
laue de vinaigre. Si cher morte psuruenoit metz sur icelle
pouldre dalu mntise en ius de lymon Baigne son past et sa

cure en eau de spic·

## Langue.

¶ Côtre la pepie en langue de lopseau. les signes. la cause. et le remede·

Les signes de la pepie en la langue de lopseau sõt. que quãt
il esternue souuent. ꝛce faisant crpe deux ou troys fops. La
cause est. la cher mauuaise oꝛde et puante sans lauer De la
quelle est peu. Le remede est. Premierement laue la langue
et la pepie Deau rose mise en coton lie ou bout dun bastõnet.
Apꝛes oingʒ luy trois ou quatre iours langue Duille Doliue
ꝛduille damãdes meslees ensemble Et la pepie se blanchira
et mollifiera. Quant elle sera bien meure oste la: comme on
fait aux poulles. Apꝛes oingʒ la langue de lopseau trois ou
quatre fops le iour desdictes Huilles iusquesqͤlle soit guerie

## Gosier.

¶ Côtre fleugme engẽdꝛe ou gosier de lopseau
le signe. et le remede.

Le signe de fleugme engendꝛe ou gosier de lopseau est . que
tu Doeptras ou gosier de lopseau fleugme gros cõe crachat·
et ceste maladie engresse lopseau. Le remede est tel. Pꝛens
le pois de trois grains de sel armoniac. mesle auec miel. ꝛ en
frote le gosier de lopseau.ꝛ ce a trois heures apꝛs midi. pups
pꝛens rigalice ꝛ de penicles sept dꝛagmes tant dun q̃ dautre
de ferre doꝛge quatoꝛse dꝛagmes .ꝛ dix liures deau. faiʒ tout
bouillir/ coler ꝛ refroidir iusques qui sera tiede.ꝛ le metʒ deuant lopseau Me soit peu lopseau iusques a neuf heures de
soer. Apꝛes le paistras Delle De gelline. Si ce ne le guerist.
Pꝛens staftsaigre bꝛoper auec boꝛꝛache.ꝛ auec Dng dꝛapeau
en frote ledit lieu malade. Et quãt ledit fleugme sera sailli
paistras lopseau De cher De coulomb auec son sang . Et le
mectras au soleil ou au pꝛes du feu·et leau deuant luy.

¶ Contre la maladie Des sansues qui sont ou
gosier de loiseau.le signe.la cause.ꝛle remede
Le signe De la maladie Des sansues qui sont ou gosier De

lopſeau eſt.q̃ quant lopſeau paiſt la ſanſue ſe remue dedẽs
la gorge de lopſeau:⁊ aulcuneſoys ſe monſtre hors des na⁄
rilles. La cauſe eſt:quant lopſeau ſe baigne en eau cope non
courant cõme fõtaine.⁊ q̃l en boit luy ẽtre vne petite ſanſue
dedẽs la bouche ou narilles.⁊ ſenſle du ſang de lopſeau. Le
remede eſt.metz mouſtarde deſſus les narilles de lopſeau:⁊
la ſanſue ſen ſauldra. Ou metz dedens les narilles de lopy⁄
ſeau trois ou quatre goutes de ius de limons.⁊ lopſeau eſ⁄
coura la ſanſue de hors. Ou metz ſur charbon ardẽt quatre
ou cinq punaiſes:⁊ſais entrer celle fumee dedensla bouche
et narilles de lopſeau.⁊ la ſanſue ſen fupra dehors.

¶ Contre filandres:les eſpeces dicelles.les ſig⁄
nes. la cauſe.⁊le remede.

Filandres ſont petis vers. Quatre eſpeces y a de filandres
Lune eſt en la gorge de lopſeau.Lautre ou ventre. Lautre
aux rains. la quatrieſme eſt nõmee aguilles . qui ſont bien
petis vers.cy diray des filandres en la gorge et des autres
en leurs lieux. Les ſignes de filãdres ſõt. que lopſeau baille
ſouuent frote les peux a ſon ele.grate les narilles. Et quãt
il eſt peu.⁊ les filandres ſentẽt la cher freſche elle ſe remuẽt
tellement que lopſeau les cuyde eſcourre de hors.et en ou⁄
urant la bouche de lopſeau les yboeyrras. La cauſe des filã⁄
dres ſont mauuaiſes humeurs ou corps de lopſeau p̃ mau⁄
uais et ort paſt . comme ſouuent eſt dit.leſquelles filandres
montent au goſier de lopſeau iuſques au pertuiſde la laine
dicelluy:et le poingnent la et au cerueau. ¶ Le remede eſt
Brope herbe nõmee mẽte:⁊ le ius dicelle oſte meſle le marc
auec vinaigre/et en cher de pouſſin la donne alopſeau. Ou
prens boys de rue bien gros:⁊ y fais vne foſſete.⁊ la remplis
deau.Puis metz aĩſi ladicte rue ſur charbons ardẽs leſpace
de demy heure .iuſques quelle ſoit bien cuyte . Et ſi leau
ſault ou tumbe ou ſe dimynue rẽplis ladicte foſſete dautre
eau.Puys prens icelle eau et tout le ius dicelle rue bien eſ⁄
proinct:et y meſle pouldre de ſafran a la quantite dun gros

poys. En laquelle eau tremperas la cher du paft de loyfeau
de laquelle le paiftras ademye gorge. Sil y ne la veult manger garde la luy iufquesquil aura appetit. Et luy continue
trois ou quatre iours· Ou la luy trempe en eau de foulffre
et fuc de granates.

¶ Contre raucite feche de loyfeau.

Contre raucite feche de loyfeau Prens vng couloumb ieune
gras. et luy fais tant boire de vinaigre quil meure ¶ Apres
metz le pres de loyfeau quil leftrangle. et quil boiue le fang
Garde quil navale des plumes ne des offeletz du couloumb
Les autres iours paiftz le de cher de veau chaude. ou trepe
en fuc de racine de fenoil et fuccre trois morceaux de bonne
cher et en paiftz loyfeau.

¶ Contre laleine puante de loyfeau. la caufe.
et le remede.

Laleine put aloyfeau pour ce quil a efte peu de cher mauuaife. et qui na efte trempee et lauee. Laquelle luy engēdre
groffes humeurs. qui luy font laleine puāte. Le remede eft.
Purger loyfeau de pillule de greffe de lart ordonnee ou chapitre pour purger loyfeau en tous temps. Trois iours ap̄s
feras fecher au feu ou au four du rofmarin. duql feras pouldre. ¿ froifferas trois clous de girofle. defquelz et de ladicte
pouldre de rofmarin prendras ala quantite dune pillule. et
mectras dedens vng peu de coton lie dung petit filet Et au
vefpre la feras aualer aloyfeau. Et continue ainfi cinq ou
fix iours. Apres de cinq ou fix iours luy en donneras pareil-
lement vne iufques quil aura bonne aleine·

### Plumes et Pennes

¶ Cōtre poulz es plumes de loifeau. les fignes
et quant on les luy doit ofter: ¿cōment.

Les fignes que loyfeau apoulz eft. Quant il fe pouille fouuent et foingueufemēt. Et quant il eft mys au foleil bien
chault hors du vent les poulz fe monftrent fur les plumes
On doit ofter les poulz aloyfeau deux fops lan. Lune quāt

on le met en la mue.ȝlautre quãt on len gecte.comme auſſi
il eſt eſcript ou chapitre ȝe la mue. Pour oſter les poulȝ aʒ
lopſeau.Metȝ pouldre ȝe aſſince autremẽt nõmee aluyne
ſur les lieux ou ſont les poulȝ.Apʒes oingtȝ ȝuille les iãbes
et pies de lopſeau:ȝ le tien en eſtuue iuſques quil ſue.et les
poulȝ deſcendʒont alodeur de luille.ȝainſi les pourras oſter
Ou oingȝ les lieux ou ſont les poulȝ ȝargent ȝif moʒtiſie
en cendʒe ȝ huile. Et quant les poulȝ ſe monſtreront metȝ
ȝeuant lopſeau leau pour ſe lauer. Garde que largent ȝif
ne tumbe en la bouche de lopſeau:ꝗl ne le tue. Si les poulȝ
ſont en toutes les plumes.Pʒens pouldʒe de popure ȝ cẽdʒe
ȝe cerment.meſles enſemble.ȝanuerſe les plumes et les
pouldʒope ȝe ladicte pouldʒe.puys enuelope lopſeau ȝcȝẽs
ȝng dʒapeau net.ȝ le metȝ au ſoleil ou aupʒes du feu.et les
poulȝ ſe pʒendʒont au dʒapeau.Apʒes deſuelope lopſeau ȝle
metȝ ſur le poing.Et quãt ȝoerras les poulȝ abatȝ les auec
inſtrument a ce pʒopʒe.Ou pʒens argent ȝif moʒtiſie en ſaʒ
liue ȝ meſle auec ſaing de pourceau/ou quel trẽpe ȝng gros
ȝ molet coʒdon ȝe laine. Puys le lie ou col de lopſeau.et les
poulȝ yȝiendʒont ȝ mourront.Ou trẽpe en ce dit ſaingȝng
dʒap molet de laine.ȝ y enuelope lopſeau.ȝ le tien en eſtuue
tant ꝗl ſue.Et les poulȝ ſe pʒendʒõt au dit dʒap. Si lopſeau
a les poulȝ a la plante.Metȝ en eau chaulde pouldʒe ȝe ſtafi
ſagre.ȝ ȝicelle eau coulee metȝ ſur les lieux ou ſõt les poulȝ.
Et ſilȝ ne meurent.Pʒens aſſince ȝ ȝe lupin tant ȝun que
ȝautre.ȝ metȝ en eau.laquelle coulee mettras en ȝaiſſeau
ou quel lopſeau ſe puiſſe ayſement lauer.¶ Sil a tant ȝe
poulȝ ꝗl arrache ſes plumes.Cuys foʒt en eau ſouffre citrin
Puys metȝ celle eau chaulde en ȝne tinete.et ſur elle ȝng
criȝle.ſur lequel lie lopſeau.que la chaleur ȝ ȝapeur ȝicelle
eau chaulde monte iuſꝗs a lopſeau.ȝ quil ſue. Et les poulȝ
tumȝeront.

⁋ Contre teigne es pennes de loyseau. De ses
deux especes. Leurs signes. La cause. Et le
remede.

La teigne es pennes de loyseau a deux especes. Lune ronge
la penne au bout du tuyau quil ny reste que le baston. lautre
fait cheoir les pennes saignātes ou bout. ⁋ La cause de la
premiere espece est que loyseau est ort dedens le corps: z nest
baigne. z est tenu en lieu ort poul dreux ou fumee. Le remede
est. ⁋ Laue vne foys le iour loyseau de leixiue de serment.
et laysse essuyer. apres oingz les pennes teigneuses de miel.
et metz sur lesditz lieux sang de dragon et de alun de glace.
Quant les pennes tumbent saignantes. ⁋ La cause est la
chaleur du foye de loyseau. laquelle fait vne vessie sur le lieu
ou tient ladicte penne. apres pourrist le bout de la penne. et
la fait cheoir: et le trou dont elle est partie se ferme. par ce au
tre penne ny peult croistre. ⁋ Le remede est. fais vne bro-
chete de boys de sapin. laquelle ne soit point fort ague. elle
ne blesse loyseau. et pusse ayseement sans douleur entrer de
dens ledit trou. Ou prens vng grain dorge: et luy coupe la
pointe du coste duquel le metras oudit lieu et oingz icelluy
grain duylle doliue: et le metz oudit lieu/tellemēt quil en
demeure vng peu de hors. et quil garde le trou de se clorre.
Apres perse ladicte veissie: de laqlle sauldra vne eau rousse.
⁋ Puys prent pouldre daloes cicotin z fiel de beuf ensem
ble batu: duquel oingdras ledit lieu. Et garde quil nen ētre
dedens ⁋ Quant lenfleure de rougeur du lieu ou est la
douleur sera passee oingz le lieu malade duile rosat. pour
oster les croustes et ordures dudit lieu. affin que la penne
nouuelle puysse saillir. et metz loyseau en chambre ou il y
ayt perches pres de la terre pour se repouser. Et ses pennes
soulaigier: et soit la peu. Et leau mise deuant luy pour se
baigner. ⁋ Sil y a penne ou pennes mauuaises pour les
faire bonnes. fais comme il est escript ou chapitre de la mue.

E i

Si lopseau ronge ses pennes.metz sur son past pouldze de
maulues:laquelle luy fera oblier de les ronger.℧ Garde q̃
autre opseau ne soit mys pres de lopseau teigneux.Et quil
ne soit peu du past dicellup. ne mys sur le gant sur lequel il
aura este.car il pzendzoit la teigne.℧ Pour reparer pennes
froissies ou rompues ou arrachees est escript en la pzemiere
partie de ce liure.

## Corps

Les maladies et medecines du cozps de lopseau sont ozdonnees comme sensuit.℧ Pzemierement est traicte de celles
qui sont hozs du cozps:et quon Boit. ℧ Secondement de
celles qui sont dedens:et quon ne Boit point.

℧ Des maladies ꞇ medecines qui sont hozs du
cozps et quon Boit.

℧ Quant lopseau herissonne . les signes . et le
remede.

Les signes quant loiseau heriss- me sont·Quãt il herissõne
les plumes:lieue les eles et puy les estreint:lieue Bng pie /
puys laprpche de lautre.a les pe- ꝫr effonces:et les queuure
en partie ou tout:et euure et clo- ost la bouche . Lesqueulx
deux derniers signes sont mau- is en ceste maladie. Le
remede est.Chaufer lopseau au u . Ou lenuelope en Bng
dzapeau et le fais suer sur chaleu t Sapeur de Bin gecte sur
caillous rougis par grãt feu.℧ res seche lopseau au feu
ꞇ le tiens chauldement.

℧ Quant lopseau trāble.ꞇ ne se peult souste-
nir·le remede.

Quãt lopseau trāble et ne se peu soustenir. Le remede est.
Pouldzoye le past dicelui de pouldze de rigalice:et de pouldze
de maulues ensẽble meslee.ou distille es narilles de loiseau
quatre goutes de suc de granates doulces apz frote le palais
de lopseau de pouldze de stafisaigre ꞇ sel meuu ensemble.

Et luy presente seau tiede. Et au soer le paistras de cher
de gesline chaulde.

¶ Quant lopseau aprins coup en hurtät aquel
que chose. ou contre sa prope. le remede.

Quant lopseau aprins coup en hurtant aquelque chose. ou
contre sa prope. Le remede est. ¶ Fais bouillir en Bin/ sauge
mente/pouillot/ ꝗ gimaulue. Et de ce Bin estuue auec Bne
seponse tant le lieu malade que lopseau sue. Puys emplastre ledit lieu dencens en pouldre ꝗ de gimaulues mesles en
blanc doeuf. ¶ Apres essuye lopseau au feu: ꝗ le tiens chaul
dement. Et continue cecy deux foys le iour iusques que
lopseau soit amande. ¶ Si lopseau a prins si grant conp
quil gecte sang par les narilles / ou par la bouche: ou par le
fondement. et les costes luy poulsent. et emutit noir. et en
demenant la queue sa et la. donne luy en son past auec sang
chauld de gesline pouldre de sang de dragon de bolparmentc
et de momie. ¶ Paistz le de cher de coulomb ieune auec son
sang. Ou trempe cher de gesline en Brine pour son past pvr
aucuns iours.

¶ Quant lopseau sest fait playe en hurtant cõme est escript ou chapitre du coup. le remede.

Quant lopseau sest fait playe en hurtät: comme est escript
ou chapitre de coup Le remede est ¶ Laue ꝗ estuue la playe
de Bin tiede ¶ Puys si le cupr est grandement fendu cous
le auec aguille neuue et fil delie. ¶ Apres oingz ledit lieu
duile rosat. et metz dessus pouldre descorse de cheyne· ou
de courge Ou si cest en lieu nerueux metz dessus tormétine
Ou metz dessus ius de lerbe nommee lerbe robert et a pres
y metz le marc de ladicte herbe. Si tu ne treuues dudit ius
metz y de la pouldre de ladicte herbe. laquelle herbe garde
dapostumer playes. Et eplastre ledit lieu du blanc dunoeuf
Si la playe est pfonde: fais pouldre sang de dragon dencés

E ii

blanc/de maſtic et de aloes cicotin tant dun que dautre en=
ſemble:de laquelle metz enſadicte playe.apres pour apaiſer
la douleur:la oingdras duile roſat tiede. Et lemplaſtreras
comme dit eſt.

¶ Pour ſeyne de loyſau eſtancher. le remede.
Pour ſeyne de lopſeau eſtancher. ¶ Prens ſang de dragon
aloes cicotin en pouldre/ꝗ De poilz de lieure ou de chat ou
toille daraigne meſles enſemble auec blanc deouf . et metz
deſſus ladicte ſeyne: ꝗ la queuure deſtoupes trempees en
blanc doeuf ꝗhuille roſat.Et ce renouueleras tellemꝫt que
ce qui eſt ia mydeſſus par ſoy tumbe.

¶ Pour os hors du lieu ou rompu faire repꝛꝰdꝛe
Pour os hors du lieu ou rompu faire repꝛendꝛe.côme ſaleron
tele/cupſe/ou iambe. Soit pꝛemierement bien remis en ſon
lieu.ou adreſſe ꝟng os endꝛoit lautre. Apꝛes pꝛens ſang de
dragon/ bolyarmenic/gomme arabic/encens blanc/aloes
cicotin/momꝛe ꝗꝟng peu de farine deſtrempe tout en blanc
doeuf. Et emplaſtre le lieu malade. Et ſil eſt beſoing ſoit
bande auec haſtelles.et lopſegu emmaillote/affin que los ſe
repꝛeigne plus ſeuremꝫt.¶ Garde quil ne ſoit trop eſtreint
ſingulierement.la iambe : ſi los eſt rompu . Car le pie luy
ſecheroit.¶ Renouuelle lemplaſtre de quatre en quatre
iours ſe beſoing eſt ¶ Garde bien que ledit os ne ſe regecte
hors du lieu. Soit ainſi tenu lopſeau/et enchaperonne iuſ=
ques a douze ou quinze iours ou iuſques quil ſoit guery.
Ou pꝛens pouldꝛe daloes/poix grec et myrre mys enſem=
ble en blanc doeuf.Et de ce emplaſtre ledit lieu. ¶ Sil a
los de la cupſſe ou iambe rompu.oſte luy les gietz. ꝗ le metz
en chambꝛe oſcure:ſur herbe: Soit peu de bon paſt / a petis
moꝛceaux aſſes bonne goꝛge.

¶ Des maladies et medecines qui sont dedes
le corps. ⁊ quon ne voit point.

¶ Contre foye de lopseau eschaufe. les signes
la cause.et le remede pour le refroidir.
Les signes du foye de lopseau eschaufe sont. Quāt lopseau
grate la dextre et haulte partie du bec.⁊a la gorge eschaufee
et changent en couleur ⁊blanchissēt.⁊quil a les pies eschau=
fes.⁊le dessoubz diceulx est noir ou vert. Et si la langue luy
deuient noire est signe de mourir. La cause est oit past quon
luy a donne.ou quon ne la baigue quant on deuoit. ou par
eschaufement de trop voler. ou par estre trop longuement
sans paistre. Le remede de luy refroidir le foye est . Purger
lopseau par la pillule du gras de lart ordonnee ou chapitre
pour purger lopseau en tous temps. Apres luy dōner limas
sons.ainsi quil est escript ou chapitre pour oyseau maigre
metre sus. Puys trempe rubarbe en eau vne nuyt ala fres=
cheur:landemain et quatre ou cinq iours apres lauc sonpast
de celle eau. Paistz lopseau de gresse de porc.ou de cuysse de
gelline.⁊ semblables chers non chauldes trempees en let

¶ Contre maladie du poulmon de lopseau.le
remede.

Contre maladie du poulmon de loiseau le remede est.paistz
souuent lopseau de cher de lieure. Ou puluerise succre et
safran tant dun que dautre.et metz en trois morceaux de
cher fresche de chieure desquelz paistras lopseau. Quāt lop=
seau aura digere donne luy le surplus de son past deu et de
bonne cher. Ou tranche bienmenu poelz de porc et les metz
en sang de porc. Et quant le sang sera coagule ⁊ fige paistz
en lopseau ¶ Apres prens quatre vnces de pouldre de lerbe
nommiee cost. Et de sel geme puluerise et mesle auec miel
huille doliue ⁊ blanc doeuf.⁊en ce trēpe le paist de lopseau.

¶ Quant loyseau respire fort par la douleur du poulmon.
Luys en eau rusche de miel. la metz en sa gorge de loyseau
et le lie iusques a midy. puys le paistz de chair de geline.

¶ Contre asme autrement dit pantais quant
loyseau ne peult auoir son aleine ... 
la cause. les deux especes dici suiuant ....

Les signes que loyseau a lasme autrement pantais / que
il ne peult auoir son aleine sont. Quant il demeure la ...
et la frape contre la poitrine. et quant sa bouche ouuerte respire
souuent et du fons de la gorge. si ue se desentre : et luy ...
meine la queue en la leuant : quant le mal en uient il ...
par engoisse quil a dauoir son aleine. La caus ....
sont fumees quil a dedens le corps : ou coups quil aprins ...
gibier. ou par eschaufement quil a prins par trop roydement
voler. ou par se debatre sur la perche / cest rompu aucunes pe
tites voynes du foye. et le sang dicelles saillant cest endurcy
et monte pres de la gorge. Deux especes pa de pantais : lun
est en la gorge : lautre es rains. Le remede au pantais en la
gorge est. Premierement soit purge loyseau comme dit est
ou chapitre pour purgier loyseau en tous temps. Aps metz
le sans gietz a sonnetes dedens chambre necte et clere les fe
nestres ouuertes et treillissiees quil ne sen puysse saillir. Et
que le soleil : ou grant ayr puysse entrer dedens. auquel lieu
y ait perches sur les quelles il puysse saillir : et leau deuant lui
le paistras de bone chair taillee en morceaux : et arrousee duille
damandes doulces ou de leti : et a sempe gorge a la foys. Ou
luy donne sur sa chair limeure dacier mesle en miel ou poul
dre de bolparmenic. Sil gecte morues dures des narilles est
signe de guerison. La cause du pantais q est es rains est po' ce
que loyseau a este fort malade. puys guery. puys rencheut.
parquoy sengendre es rains vne maladie du gros dune feue
en maniere de chancre. laquelle eschaufe tellement loyseau
quil gette son past. Les signes de ce pantais sont. quil ne tra
uaille point loyseau continuellement comme lautre qui est

en la gozge. mais de huit en huit iours. ou de quinze en quinze
ou de mops en mops alopseau remue plus les rains que les
spdusirs. Le remede est fais bouslir fozt eneau qen pot neuf
rains de esparages de fenoil et de rapzes. puys picesses ra
cines sene roussees sur une tuyle sieille. laquelle pest meil
leure que sa nenre. Et ceste eau trempe bonne cher de laqle
pastras lopseau a de ure gozge. Et au soir ne le tremperas
poinr. mais mettre dessus de la pouldze desdictes racines.
et continur ainsi par dix ou douze iours. Si lopseau alon
guement pantise et il est maigre il est incurable.

    ¶ Contre sang assemble et fige ou ventre de
      lopseau. le remede.

Contre sang assemble et fige ou ventre de lopseau. le remede
est. Mettz sue cer en eau de granates et en eau de soulfre: et y
trempe sang en eau de cher lequel donneras alopseau. Et
quant il saura sage en parfais son past. Ou metz eneau poul
dze de assa serida et de racines de rapzes. et quant leau sera
reposee trempe y moicceaux de cher desquelx paisteras
lopseau.

    ¶ Contre filandzes dedens le cozps de lopseau
      les signes. la cause et le remede.

Des filandzes en la gozge et que cest que filandzes. et des
signes pour les congnoistre est escript ou titre du gosier. et
cy des filandzes dedens le cozps. Les signes pour cognoistre
les filandzes dedens le cozps sont. Quant lopseau se plaint de
nupt. et crpe crac crac. et quant au matin se portes il estreint
ton poing. ce quil ne faisoit par auant et fait semblant de se
oucher sur le poing. qui est signe de grande vexation que lui
sont les filandzes. et est loze en dangier de mozt. il plume son
ventre. et en sa cure apperet vers: ou cher rouge qui est le ver
Et cause des filandzes est le debatre quil fait contre sa pzope
nature. et se romp quelque vepne dedens le cozps. par
laquelle le sang se respant par les entrailles. et se caille et
espesse. duquel sengendzent lesditz filandzes. lesquelles poul

fuyr la puanteur Dudit sang quierent lieu net par le corps
et montēt aux entrailles et au cueur de lopseau. Le remede
pour les faire mourir est. fais pouldre de lentilles des plus
rosses.et en icelles mesle la moitie moins de pouldre de Vers
et les lie en miel:ꞇ en fais emplastre. Apres plume le ventre
de lopseau:ꞇ y metz ledit emplastre. Puys fais ius de herbe
de rue et de fueilles De peschier.auec lequel mesle pouldre
de Vers.ꞇ en fais ēplastre et le metz sur les rains de lopseau
esqueulx rainsparauāt plumeras.ledit ēplastrerenou
ueleras matin ꞇsoer cinq ou six iours . Apres metz dedens
Vng boyau de gelline du tiracle/pouldre daloes ꞇpouldre de
Vers.et lie le boyau au deux boutz:ꞇ le fais aualer alopseau
Trempe la cher du past de lopseau en ius fait de herbe verte
de froument.

⸿ Contre aguilles autrement nōmeeslumbri4
ques qui sont plus petis vers que filandres.
les signes.la cause.ꞇ le remede.

Les signes des aguilles autrement nommees lumbriques
sont teulz que ceulx des filandres. ioinct que lopseau qui a
aguilles plume souuent son brayeul. et ce escout dessus le
loirre.La cause est celle mesme qui est des filandres. Le re
mede est.Prens pouldre de stafisagre.et pouldre daloes ci
rotin:mesle ensemble.ꞇdu gros dune noysete ꞇmys en cupr
de gelline:ꞇ le fais aualer alopseau.puys luy dōne du gros
dune seue de cher de monton ou de poussin. Apres metz lop
seau au soleil ou au pres du feu. ne soit peu iusꝗs apꝰ mydy
et a dempe gorge.Cōtinue luy celle pouldre trois ou quatre
iours.Garde que lopseau aqui donneras ceste medicine ne
soit maigre.car il ne la pourroit endurer . Ou fais pillules
du gros dune noysete de pouldre de corne de cerf. et de poul
dre deVers liees entiracle.desquelles dōneras alopseau cinq
ou six iours Vne enuelopee en peau de gelline.ou en peu de
bonne cher.Apres tantost soit lopseau peu dune gorge. Ou
le paistz de cher de porr pouldropee de limeure de fer. ou de

cher de pouſſin trempee en ius de mente auec Binagre.

¶ Contre apoſtume dedens le corps de loyſeau les ſignes.la cauſe.et remede.

Les ſignes que loyſeau a apoſtume dedens le corps ſont.
Quant ſes narilles ſeſtoupent.et le cueur luy bat.La cauſe
eſt le debatre quil ſait ala perche fort et ſouuét. ou ſes coups
ql prent aſa prope ou ailleurs: z ſeſchauſe.puys ſe refroidiſt
z de ce ſengédre apoſtume.Le remede eſt.laſche fort leBétre
de lopſeau par paſt de cher de Bache trempee en eau émielee
Apres cuys aſſuice en eau . en laquelle meſle miel et cendre
dorge.et de ſes choſes aſſemblees fais trociſques.Qui ſont
comme morceaux platz et tous . Deſqueulx paiſtras trops
iours lopſeau.et il gectera lapoſtume.¶ Ou prens ius de
fueilles chou meſle auec le blanc dun oeuf et mys en Bng
bopau de gelline lie aux deux boutz et le donne au matin a
lopſeau.Apres ſoit mys au ſoleil ou au pres du feu. Ne ſoit
peu iuſques apres midy.et de poulaille ou de mouton. lans
de main bruſle afeu cler roſmarin:z en fais pouldre: de laqle
metz ſur le paſt de lopſeau.et cótinue cella par quinze iours
puys dun.puys dautre.Tiens le chauldement. Donne luy
moyenne gorge.et de paſt Bif:

¶ Contre le mal ſoutil. qui eſt Quant lopſeau
eſt touſiours afame.les ſignes.la cauſe . et le
remede.

Les ſignes du mal ſoutil.qui eſt quant loiſeau eſt touſiours
affame ſont.que combien que Donnes alopſeau ſouuent a
mangier ſi eſt il touſiours affame et plus mange qpl? Beult
manger.et emutit ſouuent:z plus quil na acouſtume¶ La
cauſe eſt.quil eſt fort maigre:z tu le Beulx mectre ſus preſte
mét:z le cuydes faire gras par groſſes gorges que lui dónes
par leſquelles il eſteint la chaleur de la digeſtion.Le remede
eſt. Prens Bng cueur de mouton mys en trois parties : et le
trempe Bne nupt en let.duquel trois ſoys le iour au matin/
apres midy et au Beſpre paiſtras lopſeau.Et continue cinq

ou ſix ioure ou iuſques quil amande. et emutiſſe comme il
ſoit. ¶ Apres ſoit peu quatre ioure deux foye le iour. et De
Bon paſt arrouſe duile damandes douſces.

¶ Contre chaleur grande dedens le corps de
lopſeau pour icelle refroidir. les ſignes. et le
remede.

Les ſignes de chaleur grande dedens le corps de lopſeau ſõt
Quant il a la bouche ouuerte τ reſpire ſouuêt·ſieur les clee
et les ſentille. et ſemble que ſes yeulx ſaiſſent hoze De ſa
teſte. ioinct ſes plumes τ entreuure ſeepennes ql heriſſonne
les plumes eſſus la teſte. le col luy amaigriſt. τ a le courage
remis. Le remede eſt. ¶ Metz lopſeau en lieu froit metz
ſuccre τ Bng peu de canfoze en eau roſe. de laqlle lui arrouſe
la teſte :τ ſoufle en ſes narilles Bng peu duile Biolat mis en
eau freſche. Paiſtz le de cher trempee en eau ſuccree.

¶ Contre fieure. le ſigne. et le remede.

Le ſigne que lopſeau a fieure eſt. Quil a les pies chaulx. Le
remede eſt ¶ Trempe en Binagre greſſe de gelline τ aloes.
et luy fais aualer. Et luy oingz les pies de muſc meſle auec
greſſe de gelline.

¶ Contre Bentoſite engendzee ou corps de loyſ
ſeau. les ſigne. τ le remedz.

Les ſignes de Bentoſite engendzee ou corps de lopſeau ſont
Quant il bayſſe τ eſpeluche ſon dos luy eſtant ſur ſa perche
et quant il peut au bec ſon paſt. Le remede eſt. Purger loyſ
ſeau ainſi quil eſt eſcript ou chapitre pour purger loiſeau en
tous temps. Apres Bng poulmon da gneau: coupe en moz
ceaux: et cups en beurre iuſques que la ſaueur du poulmon
ſoit incorpoze auec le beurre. Et diceluy beurre luy donne
ras au matin ſur ſon paſt autant quil enduira bien. Aupdy
luy donneras pouldze De ſemence De iuſquiami auec Bng
peu de bonne cher. Et luy preſenteras leau pour boire· ſau
demain le paiſtras de entrailles du poulmon et du ſang en
ouſomis ieune.

Quant le ventre de lopseau gourgouille par ventosite. donne
luy sur past ung peu dail sauuage (mietz lopseau sur la per/
che. Quant il aura digere prens du beurre et du miel tant
dun que dautre ensemble et luy donne.
¶ Contre la pierre autrement nommee craye.
les signes. la cause. et le remede.

Les signes de la pierre autrement nomee craye sont· Que
lopseau a les yeux et les pies enfles:clost lueil:et se frote du
hault de son ele.les deux veines qui sont entre les peulx lui
pousent fort ¶ Il a les narrilles estoupees et lieue la queue
deux ou trois fops deuant quil puysse emutir. ¶ Quant il
emutit il fait son com me petit petz. Son emont est mol cô/
me eau trouble et aucunefops visqueulx comme chaulx en/
durcie. Il a lorifice du fondement constipe:et luy deult . A ce
ste cause il seffriche auec le bec tant quil en fait saillir sang:¿
se scorche:et sault ung peu hors:et les plumes de son braieul
et son emont sont ordz. ¶ La cause est indegestion et vento/
site. Le remede est. ¶ Purger lopseau comme il est escript:
ou chapitre pour purger lopseau en tous temps. ¶ Apres
donne luy du blanc doeuf dedens son past trops iours . Lun
icur trempe en vin:lautre en miel . Ou trempe son past en
ius de racine dortie grieche. ¶ Quant lopseau a le fondemt
constipe:oingz ledit lieu duile de os de nopaulx de pesche.
Quant loiseau sefforce de emutir le bout du bopau lui sault
de hors. Lors prens a deux doitz le bopau et oingz le bout di/
cellup duile rosat. vaistz lopseau de cher de porc auec son
sang.ou la oingz duile de noix. Ou luy donne trops iours
son past de cueur de porc seme de soies de porc menu coupeez
Ou prens fiel de porceau de trops sepmaines ou enuiron. ¿
le fais aualer a lopseau sans rompre . et garde quil ne gecte
riens. ¶ Apres donne luy aussi gros que vne feue de cher de
cueur.laisse le ieuner iusques au vespre . Metz le au soleil /
ou au pres du feu. Cotinue ceste medecine selon la force de
lopseau deux ou trois fops.au soir soit peu de cher de moutô

ou poulaille Et landemain ſoit trempe ſon paſt enſct ſucre
Et ainſi ſoit peu trois iours et a petite gozge.

Cuyſſes et Jambes

¶ Côtre enfleure de cuyſſe ou de iambe. la cauſe
et le remede.

La cauſe de lenfleure de cuyſſe ou de iambe en lopſeau eſt
Trauail quil a prins au gibier. ou par fraper ſa prope. par le
quel lopſeau ſeſt eſchauſe. puys refroidy: ⁊ les humeurs luy
ſont deſcendues ¶ Le remede eſt. Purger lopſeau par les
piſſules du gras de lart ozdonnees ou chapitre pour purger
lopſeau en tous temps. Puis apres cups fozt dix ou douze
oeufz auec leſcaille. et quant ilz ſeront refroidis plume les
de leſcaille. et en prens les moyeux tant ſeullement. leſqlz
rompus dedens vne poille metras deuant feu cler. Et les
remueras ſans repoſer. quant ilz deuiendzont noirs et cup⸗
dras quilz ſoyent gaſtes: fais les bouillir auec peu duile do⸗
liue. et les aſſemble et preſſe tantquilz rendent huile duquel
huile ce quen pourras auoir metras dedens vng verre bien
couuert. ¶ Quant vouldzas vſer dudit huile prens en dix
goutes et y metz trois goutes deau roſe ⁊ autãt de vinaigre
Et premierement oingz dun peu deau ladicte enfleur. Aps
dicelle huile appareillee comme dit eſt. Et cõtinue iuſques
que lopſeau ſoit guery. ¶ De rabiller os hozs du lieu ou
rompu eſt eſcript ou tiltre du cozps.

¶ Contre filandzes es cuyſſes. le ſigne. la cauſe
et le remede.

Le ſigne que lopſeau a filandzes es cuyſſes eſt. quil ſe plu⸗
me ſouuent. ¶ La cauſe eſt. le debatre quil afait ala perche
ou ſur le poing par le quel ſeſt rõpu qlqueveine des cuyſſes.·
ainſi quil eſcript ou chapitre des filandzes dedens le cozps.
Le remede eſt· curer lopſeau cõme eſt eſcript oudit chapitre
Et du ius de rue et des autres herbes la eſcriptes auecques
pouldze de vers lauer les cuyſſes de lopſeau. et le marc di⸗
celles metre deſſus.

Pies.

¶ Contre enfleur des pies.la cause ⁊le remede
La cause de lenfleure des pies est froidure. p ce que lopseau
sescaufe a abatre sa proye.puys se refroidist par faulte de
luy mectre drap soubz les pies. Ou pour ce quil est ort de
dens.et les humeurs descendēt sur les pies Et pl⁹ au ger
fauld que a autre opseau·car il est pesant et a les pies gras.
¶ Le remede est est.Purger lopseau comme est dit ou cha
pitre pour purger lopseau en tous temps. Apres prens poul
dre de bolparmenic.et la moitie moins de pouldre de sang
de dragon meslees ensemble et lies dun blanc doeuf. Et de
ce oingz deux foys le iour trois ou quatre iours ladicte en
fleure.Et metz dessoubz les pies de lopseau drap.pour les
tenir chaulx.Puysfais oignemēt de grosse de gelline/huile
roasf/cypre neuue / pouldre dancens / bolparmenic. Duquel
oignement feras comme dessus est dit. ¶ Si les pies luy
enflent et ne se peult soustenir par grant seiour et faulte de
exercitation.Oingz les pies de lopseau de beurre de vache
mesle en icelluy vng peu de pouldre de galbane. et lye lop
seau vng iour et vne nuyt. ¶ Sil les pies ⁊les iambes luy
enflent. et y appert quelque acroissement de cher · la cause
est les gietz qui luy sont tropt durs et tropt sarrent . ou cest
par choir roydement sur sa proye. Le remede est fais poul
dre dancens masle/de litarge/de voyrre alexandrin et de
colcotar qui est matiere minerale:tant dun que dautre mes
es en blanc doeuf. Apres laue lesditz lieux de lopseau ⁊ em
plastre dessus ce que dit est. Et metz soubz les pies de lop
seau drap moille en eau froide . Et ainsi le tiens iusques
quil soit guery.


¶ Contre clous es pies de lopseau. le remede.
Le remede contre clous es pies de loiseau est. ¶ Oingdre
les pies et clous de lopseau. Comme est escript ou cha
pitre Contre vessie enflee en la plante de lopseau.

f i

Apꝛes lieras lopseau sur pierre de chaulx·ꞇ deux sops le iour
arrouseras deau ladicte pierre:

### ¶ Contre podagre autrement nõme clous ou galles.les signes.la cause.ꞇ le remede.

Les signes de podagre autrement nommee clous ou galles
sont.Que lopseau a clous es pies.et les pies enflent des
soubꞜ.et ne se peult sur eulx soustenir. Mais sa puye sur sa
poitrine. ¶ La cause est enflure de iambes et de pies et hu
meurs du corps sur les pies descendent.¶ Le remede est.
Purger lopseau cõme il est escript ou chapitre pour purger
lopseau en tous temps. Apꝛes pꝛens alun / mastic / encens /
ensemble bꝛoye.Puys sons miel/cire neuue/tourmentine/
sang de castoꝛ/gresse de gelline et mielꞜ.et pmetꞜ vinaigre
fort.De ces choses meslees/fondues ꞇ passees fais oingne
ment.lequel bien clous durera en sa vertu deux ans. Dicel
luy oingdꝛas les pies/la perche et le gant de lopseau. Et en
mettras emplastres dessus la maladie . Passeras les doitꞜ
de lopseau dedens trous fais en lemplastre.lequel apꝛes ly
eras sur le pie de lopseau quil ne le puisse deslier Renouuel
leras lemplastre de trops en trops iours. Cest oingnement
luy fera saillir hors la podagre. Si le cuyꝛ des pies est si dur
quil ne peult creueꝛ perse le tellement que loꝛdureꞑpuysse
saillir Apꝛes pour rapaiser la douleur metꞜ dessusemplastre
doignement uomme dꝛaculun. Sil pa cher moꝛte metꞜ des
sus vng peu de verdegris.

### ¶ Quant les vngles se descharnent. ou vien nent dꝛoites ꞇnon crochues.le remede.

Quant les vngles se deschernent.et sont en peril de cheoyr
RemetꞜ les doulcement en leur lieu Apꝛes puluerise les de
boue de fer.qui est les esclatꜩ du fer quant on le foꝛge . Et
lie lopseau sept ou huit iours iusꝗs ꝗ autres vngles saillet.

Ou prens arsenic et myrre/tant dun que daultre mesles
auec blanc doeufz et vinaigre. et oingz les pies et ongles de
lopseau:et le lie. ¶ Quant les ongles saillent droictes et
non crochues. Metz en eau aloes de la vesse sauuage z grãt
polieu. et dicelle oingz les pies de lopseau. ¶ De rompure
dongle est escript en la premiere partie de ce liure.

¶ Quant lopseau ronge ou gaste ses pies . La
caufe . et le remede.

Quant lopseau gaste ou ronge ses pies ¶ La caufe est one
maniere de fourmiere qui les gaste. Et ceulx des emerillõs
plus souuent que des autres. Le remede est. Batzensemble
pouldre daloes z fiel de beuf. et de ce luy oingzles pies deux
ou trops fops le iour cinq ou fix iours . ou fais fecher au feu
fur one tuple fiante de pourceau. zen fais pouldre. aps laue
les pies de lopseau de vinaigre fort . Dups metz largement
deffus de ladicte pouldre deux fops le iour iufques que lop/
feau foit guery. Et affin que lopfoau ne puyffe toucher de
fon bec fes pies parfe one dempe fueille de papier. z la metz
ou col de lopfeau en pendent deuant.

Plante.
¶ Contre veffie enflee en la plante de lopfeau.
le remede.
Contre veffie enflee en la plante de lopfeau. Le remede est.
Ofter les gietz alopfeau. et le metre en efpacieufe chambre
iufques que ladicte veffie foit fechee . Car fi tu portes lop/
feau gibier la veffie croiftra z creuera z feignera· et luy fera
enfler les pies. Prens pouldre daloes/myrre/fafran/cam/
phoze terre darmenie tant dunque dautre mefle en vinaigre
duquel oingdzas lefditz lieux.

¶ Contre trons en la plante de lopfeau.
f ii

Contre trous en la plante de loyseau.le remede est. Prens
pouldre daloes et de celidoine/tant dun que daultre liee en
vinaigre. Et en emplastre ledit lieu.

¶ Contre hemorroides qui sont eau iaune
saillent des creuasses des pies de loyseau.
Le remede.

Contre hemorroides.q sont eau iaune saillent des creuasses
des pies de loyseau.le remede est. Metz en eau pouldre da-
loes/myrre et pirete tãt dun que daultre.de laqlle oingdras
les pies de loyseau. ¶ Si boue en sault. Mesle sel petre en
fort vinaigre.et de ce oingtz le lieu malade.

¶ Le prologue du liure des chiens de chasse

¶ Cest le liure des chiens de chasse. Compose comme il est
escript ou prologue du liure de faulconerie au cõmencemẽt
de cest euure. ¶ Ledit liure a deux parties. La premiere enseigne cognoistre les chiens desquelz on vse en ladicte art.
leur generation nourriture gouuernement et les medecines
cõmunement necessaires pour leur entretienement. ¶ La
seconde partie oudit liure enseigne les maladies desdictz
chiens et leurs medecines. En la condicion quil est escript
oudit prologue de faulconerie. Et en ordre acõmenceent a la
teste en descendant iusques a la plante. ¶ De la practique
de chasser et de vener est aussi note oudit prologue de faulconerie.

¶ Sensuiuent les rubriches de la premiere
partie de ce liure

¶ De la bonne forme des chiens desquelz on Vse en lart de
chasse.

¶ Les signes pour cognoistre les bons chiens petis q̃ teletz

¶ En quel temps les chiens sont en gect. en quelle age la
chiene doit porter. comment doyuent estre mys gectir. pour
faire retenir la chiene. pour chien qui ne peult gectir . Pour
guerir corrosion suruenue es membres generatifz diceulx
durant leur chaleur.

¶ Quant la chiene ne peult chieler. le remede.

¶ Pour faire bien teter le petit chien.

¶ Comment on doit paistre le chien. et luy donner appetit
de manger quant il la perdu.

¶ Pour purger le chien. et luy lascher le ventre. le remede.

¶ Pour faire long col a chien. et speciallement aleurier: ou
quel est signe de beaulte ʒ de bonte.

¶ De lyer/deslyer/coucher et froter les chiens.

¶ Pour faire mourir les puces des chiens.

¶ En quelle aage/en quel temps. et comment on doit mener le chien chasser. et en quel temps il fleure peu.

¶ Les signes dastuce ou chien de chasse en la chasse.

¶ Pour garder chien quil ne queure.

¶ Contre morsure de mousche ou de chien a chien . le remede.

¶ Pour oster la grant soef au chien chassant.

¶ Pour refroischir le chien quant il vient de chasser.

¶ Les remedes aux maulx qui viennent es pies du chien
pour chasser.


¶ De la bonne forme des chiens desquelz on
Vse en lart de chasse.

f iii

Chien de chasse qui est de bonne forme doit auoir. Proporciõ
bonne de membres. Teste legiere. Cerueau large. Boelz
deuant la teste et le front droit enauant. Aurielles deliees/
moles/lasches/pendens/longues et entre elles grãt espace
Veines du front grosses. Oeil noir. Veue ague. Nes large
Gueule large et parfonde. Barbillons barbus et cõme tran
ches. Saliue grande cõme baue en la gueule. Face clere. col
long et lextremite dicelluy plaine. Poitrine large/grosse es
pacieuse. Costes eleuees sur la cher du corps. Dos court
equal non agu ou lieu des ioinctures. Queue non separee
des hanches/courte delie et les neus delle fors. Cupsses lar
ges et charnues en la superiore partie. Pies deuant petis /
equaulx/durs. Doitz sarres en marchant pour garder dan
trer entre eulx la terre et la boue. La partie derriere doit
estre plus haulte que celle deuant. Esperonnee/ fornie sur
les cupsses ou sur le cõmancement de la queue est tresbon
signe. Quant lesperon quon dit argot est es pies il le fault
couper /sil empesche le chien de courir. Tirer fort z souuant
sa laisse ou cheine est bon signe. Couleur enchien nest bonne
mauuais signe:car chien de laide couleur est trouue aucune
foys meilleur que celluy de bõe couleur. Le noir chien souf
fre mieulx le froit que le chault. Chiene blanche qui a yeulx
noirs ou blans/poitrine baissant contre terre/zqui a la peau
longue entre les cupsses/queue longue z grosse est astuce en
chasse et hardie.

Les signes pour congnoistre les bons chiens
petis qui tetent.

Les signes pour cognoistre les bons chiens petis qui tetent
sont. Que le plus pesant est le meilleur. Pour tant fais les
bien tetec. Ou le meilleur est celluy lequel la mere remeine
premierement en sa couche. Ou celluy qui le dernier des au
tres cõmence abeoir. Pour cognoistre autreinẽt lesditz bõs
chiens. Metz les dedens vng cerne de boys facile a alumer
et leur mere dehors quelle les pupsse beoir. Apres alume le

dit cerne Et quãt il bruslera tout au tour laysse aler la mere
Et elle sauldra dedens le cerne enflanble. Et pourtera les
chiens de hors par ordre selon la bonte diceulx. a commencēt
au meilleur de tous

    En quel temps les chiens sont en get. en qlle
    age la chiene doit porter · comment Dopuent
    estre mps gectir · pour faire retenir la chiene
    pour chien qui ne peult gectir. pour guerir co-
    rosion suruenue es mēbres generatif diceulx
    durant leur chaleur.

Les chiens sont en gect ordinairement au cōmencement De
feurier. q extrordinairement au comencement de ianuier.
Laage De deux ans en la chiene est meilleure que parauant
pour porter chiens.  Quant les chiens sont chaulx pour
gectir fault quilz reposent aucuns iours iusques que leurs
membres generatifz soient enflez q engrossis Et lors requie
rent lieu solitaire pour gectir  Pour faire retenir la chiene
fais ieuner vng iour la chiene q son chien. au soer dōne leur
a menger de paste auec vng peu de sel. Si le chien par aucue
Debilite ne peult gectir la chiene. Lups lupine en brouet de
porc ou de mouton: q donne a menger audit chien  Si corrosion suruient en leurs membres generatifz Durant leur
chaleur. Soit ledit membre laue deaue tiede. et apres oingt
de soix en huile lauee.

    Quant la chiene ne peult chiener. le remede.
Quant la chiene ne peult chiener le remede est . Donne luy
a boire eau en laquelle ait cupt semēce de Violetes. Et pour
dorpe vng peu la cher que luy donneras de hellebore noir. et
trempe en vin tempere deau cendre passee. q metz sur la nature Delle.

    Pour faire bien teter le petit chien.
Pour faire biē teter le petit chien Laisse le long temps teter
Et mesle saliue au let ql vouldra boire. q en oingz la gueule
Dudit chien. Et il la lechera q tetera mieulx.

¶ Comment on doit paistre le chien.et luy don
ner appetit de manger quant il a perdu:

On doit paistre le chien plus souuent en este que en yuer·
pour les grans et chaulx iours . Et de pain rompu en eau
froide.Mais non guieres souuent : quil ne les face vompr.
Let ou pain trempe en let luy est bon.Sng peu de cumin pile
et mesle auec ce quil mange le fait bien fleurer et gecter ses
ventositez.Cher seche luy est bonne.Sng peu duile mis sur
son eau le conforte engresse (z le fait plus agile a courir.quât
le chien na appetit de manger/Metz mietes de pain bis en
vinaigre:duquel distilleras aux narilles dudit chien. Sil a
perdu lappetit par grant fain donne luy beurre chault auec
peu de pain deuant leure quil doit manger . Garde quil ne
chasse deuant quil soit mys sus.

¶ Pour purger le chien:et luy lascher le ventre
le remede.

Pour purger le chien et luy lascher le ventre le remede est.
Donne luy boire let de chieure. ou luy fais aualer sel menu
selonquil en aura besoing.Ou broye escreuisses:(z les mesle
en eau laquelle luy donne aboyre. Ou luy fais manger le
ventre de quelque beste.lequel luy nectoyera les entrailles.
Ou luy donne en vng oeuf pouldre de flafisagre auec vng
peu duile.Et quant il sera lasche et purge fais luy boyre let
mesle en miel.et apres le remetz a son manger acoustume.

¶ Pour faire long col a vng chien.(z speciallemēt
a leurier:ou ql est signe de beaulte (z de bonte

Pour faire long col a chien.(z speciallement a leurier:ouquel
est signe de beaulte et de bonte fais vne fosse du parfont de
la longueur du chien quant il est droit et estandu.(z y nourris
le chien.et metz ce quil mangera sur le bort de ladicte fosse .
parquoy ledit chien estande tousiours le col pour paruenir
iusques ala mangaille.

¶ De lyer/deslyer/coucher et froter les chiens
Les chiens dopuent estre lyes separes. Car les mectre en-

semble les fait puans/roigneux et malades. Dopuēt rou=
cher prɜs de leur maistre.et sur paillade ou autremēt necte=
ment. Dopuent estre deslies deux fops le iour:ou a tout le
moins vne. Pups dopuent estre relies/car silɜ sont longue=
ment deslpes ilɜ seront paresceulx et sans audace. On les
doit manier et froter.et froter de pain. Car cella leur fait la
peau humide et pleine:et les rend, mansuetɜ et obepssans a
la chasse. En les rappellant et courage donnant.

¶ Pour faire mourir les puces des chiens.
Pour faire mourir les puces des chiens. Boulɜ en eau sta=
fisagre.de laquelle laue bien les lieulx du chien ou sont les
puces.Ou en lieu de stafisagre metɜ rarine/fueilles efruit
de cucumere agreste.

¶ En ql age enquel tēps ⁊cōmēt ondoit mener
le chien chasser.et enquel temps il fleure peu
On ne doit point mener le chien chasser quil nait laage de
dix mops passeɜ.Car si on lp meyne pl⁹tost sera en dangier
de se rompre ou de corrosion en ses mēbres et sera paresceux
Au cōmencement de leste on le doit mener chasser apres dis
ner.En este deuers le matin iusques ancuf ou adix heures
car la chaleur de la terre lup nupst es pies:⁊ la soef au corps
En puer on le peult faire chasser tout le iour. On le doit
mener chasser quant le temps est cler et sans ventɜ. Car le
vent et la pluye le garde de fleurer. Et la neige quant elle
est petite et la gelee lup ardent le neɜ. Grande neige ne lup
nupt point.Au cōmencement de leste le chien apeu de fleur
Non pas par aucune faulte de son cerueau.¶ Mais par la
grande et diuerse odeur des fleurs.En este il fleure moyns
Car la grande chaleur lup oste le fleur Et aussi quil treuue
les marches et croles des lieures.lesquelles oudit temps
marchēt souuēt ⁊nupt.⁊ les renars aussi.pquoy les chiens
supuans celles marches abopent et ne fleurent point. Et

par les diuerses crotes et odeurs quilz fleurent sont esbays
se irritêt ꝛaboiêt.ne meyne poît le chien chasser quât il aura
domy.car ce quil est debile:et le labeur et grant bruyt de la
chasse le esbayroit. Quant pras chasser tu dois resioir les
chiens/flater et par leurs noms rappeller.et les dois irriter
et commouoir achasser.Meyne le lye.affinque par courir sa
ꝛ la ne se lasse ou sesgare.Quant le deslyerasgarde quil ny
ait chien estrangier auec lequel puisse iouer ꝛlaisser achasser
Et le manye et flate et luy donne courage.

### ¶Les signes dastuce ou chien de chasse en la chsse.

Les signes dastuce ou chien de chasse en la chasse sont . quât
il est ioyeux et monstre bon courage quil remue et meut les
aureilles et les droisse deuant le front. tourne les yeulx a
tous coustes.fleure.ꝛsuyt les marches/pies/trasses/crotes
fumees/hayes de la beste quil suyt.

### ¶Pour garder chien quil ne queure.

Pour garder chien quil ne queure . oingz ses aysselles duile
et ce le retardera de courir

### ¶Côtre morsure de mousche ou de chien a chiê le remede.

Côtre morsure de mousche faicte achien le remede. Boulle
herbe de rue.et la trêpe en eau:ꝛla metz sur ladicte morsure
Et si la morsure est de grande mousche. metz de celle eau
tiede dessus. ¶Contre morsure de chien a chien le remede.
Fais pouldre de boue de fer.qui est comme dessusest escript
les esclatz qui volent du fer quant on le forge· et la lie auec
poix fondue.Et en oingz les morsures.

### ¶Pour oster la grande soef au chien chassent /
quant on na point deau.

Pour ofter la grant foef au chien chaſſant quant onna point
deau. Rompz deux ou trops oeufz. et les metz en la gueule
dudit chien. leſqueulz luy eſtreindront la grant foef· Autrement ſeroit en dangier de prendre maladie de deuenir ethi-
que. ceſtadire ſec.

### ¶ Pour refroiſchir le chien quant il vient de chaſſer.

Pour refroiſchir le chien quant il vient de chaſſer. Rompz
deux oeufz meſles en vin. et les luy baille a mangier. leſqlz
luy refrigireront les entrailles. Ou metz en eau vng peu
de vinaigre auec miete de pain bys. de laquelle eau oingz
le col et le dos du chien.

### ¶ Les remedes aux maulx qui viennēt es pies du chien

Les remedes aux maulx qui viennent es pies du chien.
Quant les plantes du chien ſont eſchaufees et bruſlees par
chaleur de la terre. Meſle cendre paſſee auec miel. alpe deſſ'
la maladie. Quant les plantes ou les cupſſes ſont enflees
par la beur. Meſle vinaigre et huile et le tiedis· et en oingz
le lieu enfle. Quant les pies du chien ſe deſchauſſent. meſle
farine en eau. et la lpe deſſus la maladie. Ou broye eſcorſes
de granates et ſel. et meſle en vinaigre et le chaufe en vng
pot. et metz les pies du chien dedens le pot tant chault quil
le pourra ſouſtrir. Ou broye galles et vitriole. qui eſt eſpece
minerale. et les meſle en vinaigre. et le tiedis. auquel laue
le pies et plantes du chien.


¶ Ceſt la ſeconde partie du liure des chiens de chaſſe. Cõ-
tennant les maladies deſditz chiens. et les medecines dicelles. diſtribuees ſelon lordre aſſigne ou prologue de ce liure


### ¶ Senſupuent les rubriches de la ſeconde par-
tie de ce liure·

### peulx

¶ Contre larmes es peulx du chien. le remede.

Contre larmes es peulx du chien le remede eſt Arrouſer leſ
ditz peulx deau tiede.Apres meſle farine auec blanc doeuf.

et les emplaſtrer:et cella reſtreindra les larmes des peulx
du chien.

¶ Contre blancheur es peulx du chien.le r̃.
Contre blancheur es peulx du chien. le remedeeſt. ¶ Fais
pouldre de myrre et de os de ſerche bruſle. Et metz ſur la
blancheur dudit oeil matin et ſoer ¶ Si icelle blancheur eſt
des long temps. Metz ſur ledit lieu ſafran/fiel de beuf/ſuc
de fenoil et miel tant dun que dautre meſles enſemble.

### Aureilles.

¶ Contre ſourdite daureilles de chien . le ſigne
et le remede.
Contre ſourdite daureilles du chien. ¶ Le ſigne eſt : que le
chien monſtre par ſon ſemblant toute parcce ⁊ alteration de
courage. Le remede eſt. Meſle huile roſat en din pur·et le
metz troys foys le iour es aureilles du chien.

¶ Contre enſlure daureilles.le remede.
Contre enſlure daureilles le remede eſt.¶ Cuys eſcorſes de
granates en dinaigre ⁊ huile.et le diſtille en laureille enflee

¶ Contre playe en laureille apres lenſlure . le
remede.
Contre playe en laureille apres lenſlure.Laue ledit lieu de
dinaigre et apres metz deſſus pouldre deſponge.

¶ Contre ders dedens laureille.le remede.
Contre ders dedens laureille.Meſle pouldre deſponge en
blanc doeuf.Et emplaſtre ladicte aureille.

### Palais.

¶ Contre eſchaufure ou palais du chien. le r̃.
Contre eſchaufure ou palais du chien.le remede. Fais luy
manger beurre en miel meſle.

¶ Contre durte ou chancre ou palais du chien.
Contre durte ou chancre ou palais du chien. Pouldrope ſel
⁊ myrre meſle en miel et dinaigre.et en frote ledit lieu.

### Gorge.

¶ Pour deſennoſſer chien ennoſſe·

Pour desennosser chien en ennosse. Sarre le nez du chien
contre son col. et metz huile dedens sa gueule. et il toussera.
Et en toussant se desennossera. ¶ Ou metz peu apeu en la
gueule du chien huile en eau tiedemps. qui mollifira le en-
nossement et los charra.

¶ Cotre sasues etrees en la gueule du chie le r̃
Contre sansues entrees en la gueule du chien. Prens cinices
qui sont mousches volant en este deuant la teste du cheual.
et les bruste. et fais que la fumee entre en la gueulle du chie
et les sansues charront.

Corps.

¶ Cotre latous ou bout du ventre du chien. le r̃
Contre la tous ou bout du ventre du chien. le remede est.
Cups grant poulieu en huile / miel et vin. et le fais au chien
manger.

¶ Contre flux du ventre du chien. le remede.
Contre flux du ventre du chien. le remede est. fais lui ma-
ger fromage vieil dur. coulomb ramier cuit et arrouse de
vinaigre.

¶ Contre douleur es boyaulx du chien. le r̃.
Contre douleur es boyaulx du chien. le remede est. Metz le
chien bien couuert au feu. Et metz en sa gueulle ail brope
et en huile chaulde mesle.

¶ Contre debilite destomac du chien indigestiõ
et vomyssement. le remede.
Contre vomyssement destomac du chien / indigestion et vomyssement. le remede. Donne au chien os de beuf en vinai
gre cups.

¶ Quant le chien pisse sang. le remede.
Quant le chien pisse sang. le remede est. Cups en let et eau
de coriandre auec vng petit duile deux liures de lentilles et
la pouldres de quarante grains de poiure. Et le donne au
dit chien a manger.

¶ Contre enflure sans vlcere ou playe. le r̃.

Contre enfleure sans Vlcere ou playe.le remede est. Emplastre senfleure de pouldre dos de seche. Si le lieu enfle
auec vessies.Prens galbane/storace/moelle de cerf/cyre/
huile/sel amer et miel.et les cuys ensemble. Et en oingz le
dos et lieux malades du chien.lespace de dix iours. Contre
enfleure apres playe le remede est. ¶ Cuys en eau les ex-
tremites darbres chaulx ꝗ dicelle laue ledit lieu.Apres donner au chien amangier beurre auec miel.

¶ Contre vers ou ventre ou playe du chien.
le remede.

Contre vers ou ventre du chien le remede est. Donne luy
meuse de assince/pouldre de corne de cerf et pouldre de vers
tout mesle auec beurre ou miel. ¶ Contre vers engendres
es playes du chien.le remede est. Laue le lieu vereux deau
chaulde.puys deau auec vinaigre.Apres prens poix chaulx
et fiante de beuf auec vinaigre.et en laue ledit lieu . et metz
dessus pouldre de hellebore noir.

¶ Contre clous.le remede.

Contre clous le remede est. Prens fiante seche/escorse de
courge et pain dorge.et les brusle ꝗ en fais pouldre.ꝗmesle
pouldre de plomb ꝗles lye de vinaigre.Apres frote les clous
et les laue de vinaigre auec eau puys les emplastre de ce
que dit est.

¶ Contre creuasses et playes du chien.le re.

Contre creuasses et playes du chien.le remede est. ¶ Fais
pouldre de vne piece de pot casse.et la lie de vinaigre fort . et
metz sur ledit lieu. Ou mesle en gresse dope tourmentine
et metz dessus ledit lieu

¶ Contre vlceres ou ventre du chien.le remede

Contre vlceres ou ventre du chien le remede est.¶ Oingz
les ditz vlceres de poix clere. Ou fais pouldre de racine de
flambles et opoponac.tāt dun que dautre ꝗ metz sur lesditz
vlceres.

G ii

¶ Côtre grafele ou rouigne de chien. le remede
¶Contre grafele ou rouigne de chien le remede. ¶ Fais oing
gnement de poix noire/souffre/pouldre de litarge/huile do
liue et brine. Apres tondz le chien sur la rouigne. ꞇ frote fort
dun tourchon de foing ou de grosse toille la rouigne iusꝗs
au sang. Puys oingz la roigne dudit oingnement chault.
Et metz le chien en lieu nect iusques que ledit oingnement
charra. ¶ Lors remetz dudit oingnement sans froter ledit
chien. Et le tiens en lieu nect iusques que loingnement
charra.

¶Contre berrues de chien le remede.
Contre berrues de chien le remede est. ¶ frote et nectoye
bien la berrue. Apres metz dessus gresse pour la mollifier.
ꞇ quant elle sera mollifiee mesle pouldre descorse de courge
et sel menu auec huile et binaigre. Et emplastre ladicte ber
rue. Ou metz dessus pouldre daloes meslee en moustarde
et rongeront la berrue. Lors cuys en binaigre fueilles de
saulx et boute de fer. qui sont comme ailleurs est dit. les pett
esclatz qui tumbent du fer quant on le forge. Et en laue la
berrue:

¶Contre rage de chien. les signes. la cause. et
le remede.
¶Contre rage de chien. De laquelle les signes sont. Que
le chien enrage est ort/ melencolieux/ esbay/ tourne ca et la
les yeulx. et les a afflambes. regarde les passans deuant lui
neglige et mescognoist son maistre. ¶ La cause melenco
lie: laquelle abonde en luy. ¶ Le remede est. Ains quil soit
enrage oste luy bng peu de chose enflee cõme bng ber blanc
quil a dessoubz le gros bout de la langue. Apres donne luy a
manger pain et pouldre de celidoine mesles en gresse vieille
¶ Sil a playe. Prens fueilles de rue/ menu sel/ gresse de
porc tout mesle en miel. et metz dessus la playe.

¶ Les maladies des piedz du chien sont escriptes en lafin
de la premiere partie dece liure.


¶ La conclusion de ce liure.
¶ Cest euure sire iay par voftre comandement entrepzife
et pour voftre plaifir aftiuement affouuie. Et combien qlle
foit aimee/defiree et exercee des nobles/feigneurs qpzinces
fi nay ie peu trouuer auteur qui lait fouffifantemet tractee
Et ce qui en a efte efcript eft en aucunes materes et fans
ozdze. Et icelles encoze fi cozrompues par lignozance q vice
des efcriuains ou autrement quil les ma falu verifier par
les experts en icelle art et medecins et apoticaires. ¶ Par
quoy ie pzie ceulx qui cefte euure liront quil leur plaife fex-
cufer et engre pzendze. ¶ La pzactique de pzandze toute ef-
pece de volatille et de venerie eft efcripte en troys liuresqui
font intitules. Lung Gaffe. Lautre Modus et Racio. Et
le tiers Phebus. ¶ Maintenant fire ie retourne a mes eftu
des de humanite et de theologie pour continuer vous com-
pofer ou tranflater ceque me femblera plus vtile q neceffaire
avoftre trefnoble cozps et ame. ¶ Toufiours aydent dieu
et vous fire metray poyne vous faire quelque honnefte fer-
uice. Et pour le falut et profperite de voftre trefcreftienne
maiefte au bien de la chofe publique dieu deuotemt pzieray

Cy finist le liure de lart de faulconerie: ꝗ des
chiens de chasse Imprime aparis Le cinqesme
iour de Januier Mil quatrecens quatrevingz
et douze/ Pour Anthoine Berard /libraire de
mourant aparis /a lymage saint Jehan leuā-
geliste sur le pont nostre dame/ou au Palais
au premier pillier deuant la chapelle de mes-
seigneurs les presidens.

www.ingramcontent.com/pod-product-compliance
Lightning Source LLC
Chambersburg PA
CBHW050626210326
41521CB00008B/1406